JN154348

群馬・奥利根の名クマ猟師が語る

モリさんの狩猟生活

語り　高柳盛芳
文　かくま つとむ

山と溪谷社

目次

まえがき

「21世紀の狩猟者たちへ」

モリさんこと高柳盛芳さんの聞き書きをまとめるため、関東最後の秘境・奥利根へ通いはじめたのは20年ほど前だ。春の山菜採り。初夏の釣り。秋のキノコ採り。それらの遊びは、じつは11月に解禁される狩猟のための足慣らしにすぎない。モリさんが最もこだわっている猟は、餌に気をとられているクマにそっと近づいて仕留める「忍び猟」だ。モリさんは職業ハンターではない。従事している仕事は今日的なサービス業だが、ひと昔前の猟師のような土俗的なにおいがする「野の人」である。刃物や銃、キャンプ用品などメカニカルなものにも造詣が深く、人を引き込む会話の名手。その聞き書きは15年前に本になったが、その後、日本の狩猟事情は想像のつかなかった方向に進みはじめた。中山間地では高齢過疎化が加速し、シカ、イノシシの数が激増。「獣害」が全国規模で広がり、人とクマの接近遭遇も増えている。狩猟の社会的役割が再評価され、シカ、イノシシに限っていえばかつてなく獲れるようになっている。そんな変化をモリさんはどう見てきたのか。あらためて問うたのが本書だ。基本的には同じ質問をぶつけているのだが、一段と深い考察が加わっていることに驚かされる。20年という時間の変化を感じたのは、モリさん自身がかつて師匠から教わったように、自分の技術を後世に伝えねばと考えはじめていることだった。本書は、若きハンターたちへのメッセージでもある。

かくま つとむ

野菜作りも趣味。「食ってみろ。俺の育てたトマトは味が濃いぞ」

モリさんのフィールド
関東最後の秘境
奥利根全図
奥利根
奥利根湖
藤原
水上温泉
みなかみ町
群馬県
大水上山
1831
利根川水源碑
丹後山
1809
藤原山
1709
新潟県
魚沼市
越後沢山
1861
本谷山
滝ヶ倉沢
越後沢
剱ヶ倉山
1997
平ヶ岳
2141
新潟県
南魚沼市
下津川山
1928
十分沢
剣ヶ倉沢
三ツ石山
1586
井戸沢
水長沢山
1695
小穂口山
1526
利根川
幽ノ沢山
三ッ石沢
小穂口沢
水長沢
赤倉岳
1959
大白沢山
1942
小沢
奈良沢
イラサワ山
1467
赤倉沢
幽ノ沢
カワゴ沢
西千ヶ倉沢
割沢
群馬県
片品村
コツナギ沢
矢種山
1713
岳ヶ倉山
(日崎山)
1816
白ビ沢
下ノ俣沢
楢俣川
奥利根湖
群馬県
みなかみ町
大白沢
日崎山
1397
矢木沢ダム
矢木沢
ならまた湖
洞元湖
奈良俣ダム
N
0
2km
熊出没注意
矢木沢ダム周辺は
熊の生息地です。

1章　モリさんの狩猟生活

日々、自然のなかで必死に生きる野生動物を、その生活痕をたどりながら追い、仕留めるのが狩猟。アウトドアの最高峰ともいわれるこの娯楽は、モリさんの人生そのものだ。

クマ撃ち修行時代

鉄砲に憧れた少年

俺が住んでいる、この群馬県みなかみ町の高日向地区では、鉄砲やる家は2軒くらいしかなかったんじゃないかな。俺んとこは、お爺（高柳助治＝明治29［1896］年生まれ）が鉄砲撃ちで、親父（高柳政雄＝昭和2［1927］年生まれ）もやったから、猟っていうのは家のなかでは当たり前の感覚だった。俺の最初の猟経験はウサギだ。小学5年のとき、もう鉄砲は置いて（やめて）いたお爺が、ウサギ獲りに連れていってやるって言って、家の裏山で罠の作り方だとか仕掛け方を教えてくれたんだよ。当時はウサギがいっぱいいたんさ。炭焼きしている人がまだいたから、山がところどころ開けて今より草地が多かった。ウサギは草を食う獣だろう。そういうところに増えるわけさ。

ウサギ獲りは雪が降ってからやる。足跡で通り道がよくわかるからね。行ったり来たりした跡があれば、そういうところに罠を仕掛けるんだって教わって。木の枝伐って、針金の輪っかにくっつけて、その両サイドに輪っかを支える棒と一緒に刺して置いておく。輪っかは直径20㎝弱。高さは雪面から

7㎝くらい。それでウサギの首がちょうど輪っかに入る。確実に首を突っ込むように、通り道でもボサ(ヤブ)なんかがある狭いところを選んでね。今はだめだよ。首くくり式の罠は禁止。輪の直径にも規定があるし、そもそも免許がいる。あくまでも俺が子どものころの話だ。

罠に掛かったウサギは、早く回収に行かないとタカとか、キツネ、テンに食われちゃうんで、翌日、学校へ行く前に早く起きて山を見回りに行くんさ。で、掛かっていたら回収して、それから学校へ行く。最初は正直、嫌だった。でも、自分で仕掛けた罠でウサギが獲れるとうれしくてさ。だんだん夢中になっていった。いま思えばお爺の策略だな(笑)。いちばん獲れたときは1回で6匹。重たかったよ。大きいやつだと3㎏くらいあるからね。縄で縛ってずるずると雪の上を引っ張って家に帰るんだ。獲ってくると、お爺がよくやったとうんと褒めてくれた。なんでかっていうと、当時は毛皮が売れたんだよ。剝いて干したのを10枚くらいずつ束ねておくと、業者が買いにまわってくるんさ。俺が小学校5年のときだから、昭和40年代の初めごろだよね。そのころは襟巻きやコートに使う毛皮がばんばん売れたんだよ。キツネやテン、タヌキも金になった。和服着る人もキツネの襟巻きという時代だもの。襟巻きの最高級はテン。その次がキツネ。その下がタヌキ、ウサギっていうふうにランク付けがあったんだよ。女の人の間では、タヌキの襟巻きをしていると馬鹿にされたね。どんなにきれいな人でも品が悪く見えるって(笑)。

お爺は喜んでくれたけど、おふくろは、盛芳、そんなにウサギ持って帰ってこねえでくれって言ったもんだ。もう食いたくないわけよ。冬になると、味噌汁の中身は毎日のようにウサギの肉だから。お爺が捌(さば)くんだけど、料理するのはおふくろだろ。鼻についてもう嫌だって、獲ってきても近所の姿さん連中にあげちゃってたね。けれど、たまにしか食べられない近所の人は大喜びさ。だから、ウサギが食べたくなると婆さんらが俺に言うんだよ。盛ちゃん、山へ行かねんかいって(笑)。

ウサギで罠の掛け方を覚えたことが、いま思えばクマ獲りにも役立っているよ。獲物の行動をよく観察すること。それが、猟の基本だからね。

パチンコ遊びで猟の感覚を磨く

親父は鳥撃ちで、猟期が始まると親父について山へ入った。もっぱら狙ったのはヤマドリ。鳥っていうのは飛んでいる先に向かって撃つもんだ、なんて聞かされて育ったので、鉄砲持つ前から猟の基本はだいたいわかっていたな。親父は鳥撃ちがうまかった。お爺も鳥撃ちだったけど、バンドリ(ムササビ)も獲っていたらしい。バンドリも毛皮。北方へ行く兵隊さんの軍服を作るのに必要だってことで、国に供出(きょうしゅつ)していたって話だ。いわゆるお国のためだけど、毛皮を納めないと火薬とか雷管の配給が受けられなかったんだとさ。供出ったって、米と違うからね。相手は山の生き物だから獲れないこともあるし、きっちり納入するのは大変だったらしいよ。お爺が使っていた雷管を詰める道具とか、真鍮の薬きょうとか、鉛とかは、まだ家にとってあるよ。

猟の真似事といえば、子どものころはよくパチンコでスズメを獲った。当たるとうれしいよね。パチンコって普通は小石を拾って弾にするんだけど、俺らの弾は違うんだ。仁丹よりひと回り大きな真ん丸い鉄球を使っていた。このへんは温泉地帯だから、昔はよくボーリングしてたんさ。その掘削工事の現場に、小さい鉄の球が土嚢袋に入ってたくさん置いてあったんだ。鉄球を掘削の穴に入れて、泥水と一緒にがちゃがちゃかき混ぜて掘っていたんだよ。それが土嚢袋にいくつもあって。この鉄球を現場からがめて(盗んで)きて、ポケットに入れてパチンコの弾にした。石とはぜんぜん命中精度が違う。空気抵抗は少ないし、飛びも正確。散弾みたいなものだからね。

スズメは冬になると食べるものが少ないので、ニワトリ小屋の餌をよく拾いにきた。待っていれば絶対に来るから、物陰に身を寄せて飛んでくるのを待つ。こぼれた餌を食べるのに夢中になっているところを、ゴムをぎゅーっと引っ張って撃つんさ。弾がいいし、なにしろ至近距離だから、パシッと当たるとスズメは気絶してコロッと倒れる。その首をきゅっとひねって毛をむしる。内臓も抜いておく。夜に家の囲炉裏で焼いて食うわけなんだけど、何羽かためてから焼こうと雪の中に埋めておいたら、ネコに全部持っていかれちまったりね。

高学年になると、その鉄球を使った遊びはもっと進化した。昔のテレビアンテナは、アルミのパイプだった。このパイプの中に2B弾を入れてから新聞紙を詰め、鉄球をばらばらって流し込む。その鉄球がこぼれないようにまた新聞紙を詰め、2B弾に着火すると、すごい音とともに鉄球が勢いよく飛んでいって、スズメがうんと獲れるようになった。そしたら近所の婆さん連中が、モリちゃんが鉄砲作ったって言いだした。そうこうするうち2B弾がなくなって。危ない玩具だってことで販売禁止になったんだな。仕方がないので爆竹に変えた。筒も工夫して、尻をふさいだ鉄パイプで作ったら、これがまたすごい威力で、キジバトも獲れた。近所の子が真似しだしたもんだから、とうとうお巡りさんの知るところになった。呆れられたさ。おめえら、悪ガキなのに頭いいなって。でももう作るなって説教されて、鉄球の出どころも白状させられて、それから現場にカギが掛かるようになった。

こういう遊びはおもしろかったね。でも、人に向けるようなことは絶対にしなかった。こういうものがどれほど危ないものかってことは、昔は子どもでもわかっていたから。

最初にクマを見たとき、怖くて犬を置いて帰った

そんなわけで、20歳になったら鉄砲の免許を取るべえ、お爺や親父みたいに鳥撃ちをすべえとずっと思っていて、誕生日に合わせてすぐに手続きをした。昭和29(1954)年生まれで20歳のときだから、昭和49(1974)年か。そのころは毛皮がまだ高かったよね。だから鳥だけでなく、売れる獲物はキツネでもタヌキでもどんどん撃った。

最初は大物猟をやろうなんていう気持ちはなかったんだよ。当時、まだこのへんにはシカもイノシシもいなくて、奥山のほうへ行けばクマがいるくらいだった。それにお爺も親父も鳥撃ちだから、クマ撃ちのことはよくわからない。

当時、親父が茶色い紀州犬を飼っていたんだよ。クリって名前の。最初に散弾銃買ったころ、そのクリを連れて鳥撃ちに行ったら、大きなスギの木を見上げて吠えだしたんだよ。何か見つけたのかとひょいと上を見たら、でっけえクマがいた。クマを山の中で見たのはこのときが初めてだった。撃と

うと思えば撃てる距離だけれど、そんな意気地はなかった。とにかくおっかねえんさ。クマも興奮して毛を逆立てながら唸っている。俺はだんだん心細くなって、何回も、クリ、戻ってこいって呼ぶんだけど、猟欲のスイッチが入ってしまったもんだから、興奮して言うことを聞かない。

仕方がねえから置いて帰ってきちゃったのさ。親父に、こういうわけで犬を置いてきたって言ったら、馬鹿野郎と怒られてね。犬が頑張っているのに親方が逃げて帰ってきたのかと。クリは夕方になって自分で家まで帰ってきたんだけど、夜にまた親父に怒られて。なんで撃たなかったんだ、そんなチャンスはめったにないことなのに、もったいねえと。今でもあのときのことは言われるよ。

最初にクマを見たときは、とにかくおっかなかった。初心者マークのころで、まして大物撃つスラッグ弾(一発弾)なんか使ったことないからね。鳥撃ちの散弾をクマに向けて撃っても、弾がどこへ飛んでいくかわかんないし威力がないから、クマを怒らせるだけ。じつはスラッグは持ってたんだよ。用心のためにね。でも使えなかった。意気地がなかったんさ。クマっていうのはおっかねえ獣だから、やたらめったら撃つもんじゃねえと周りの猟師からも言われていたから、ひるんだんだね。

犬っていうのは賢いもんで、それからクリは俺のことを見下すようになった。親父の命令は聞くのに、俺が山へ連れていっても言うことを全然聞かない。こいつと行ってもおもしろくねえ、獲物を追い出してもまた逃がすんじゃねえかっていう感じで。今だから言える恥ずかしい話さ。

一人前と認められたくてクマ獲りを始めた

　クマ撃ちを志すようになったのは、このときの情けない経験もあるからかもしれないな。もうひとつの動機は反発だった。当時、水上地区には80人くらいの猟友会員がいて、そのうち30人くらいはクマを狙う大物猟師だった。鳥撃ちやっていると馬鹿にされてね。新年会なんかのときに挨拶をしても、おめえは鳥撃ちだべ、あっちへ行ってろ、と話の輪にも入れてもらえねえのさ。

　宴会でも上座はクマ撃ち。鳥撃ちは下座。支部長はクマ撃ちのなかで持ち回りみたいな感じで、鳥撃ちの会員は役員にしないんだよ。なぜかっていうと、当時は春の出グマ（冬眠穴から出たクマ）を獲る許可が、駆除という形で下りたんだよ。人数には制限があるんだけど、鳥撃ちはクマ猟を知らねえし、仲間にまぜると獲れたときに分け前が減るでしょう。猟友会本部や行政からの情報もクマ撃ちの長老連中が握っていて、鳥撃ちには入ってこない。鳥撃ちに声がかかるのはノウサギ駆除のときだけ（笑）。いやな組織だったんだよ、当時の水上猟友会は。

　クマの駆除隊員に選ばれるには、クマを獲って認めてもらうしかない。そのころの俺は猟友会のなかでは味噌っかす扱い。年上の連中から馬鹿にされるのが癪でさ。それでクマをやろうと思ったんだよ。なめられてたまるかって（笑）。なんで駆除隊員にこだわるかって？　そりゃもちろん、猟期以外でも鉄砲を撃てるからだよ。獲物を獲りたいっていうよりも、俺は鉄砲がうまくなりたかった。

　何年かは我慢したんだけど、ある年の新年会で思ったんだよ。このままじゃ、ずっと馬鹿にされっぱなしだと。クマ獲りやりたいと。Yさんっていう、当時のクマ獲りの名人のひとりにお酒を注ぎながら、クマってどういうところにいるんですかって聞いたんだよ。そしたら笑いながら、ははっ、クマか。クマは山にいるんさって言う。はっ？　どういう意味ですかと聞いたら、もう一度言うんさ。クマは山にいるんさよって。俺は、どういうときどんな場所にいるんですかって真剣に聞いたんだけど、軽くあしらわれたわけだ。馬鹿にされたんだ。

ああ、この人は師匠にはならないな、周りからは名人っていわれているけれどそれまでの器量の人だなと思ったから、言ってやったんさ。Yさんな、クマがいるのは山ばかしでねえぞ、沼田の公園行ったっていらあと。当時、県内の沼田市には小さい動物園があってクマを飼っていたんだよ。今度は俺がからかったわけさ。なにい、生意気な！って言うから、言ってやったんさ。Yさんよ、若い者が真剣になって猟のことを尋ねているのに、そういう答え方あるかいって。そのあとYさんはへそ曲げて席を移ってしまった。

生涯、師と仰ぐ老クマ猟師との出会い

その空いた席の横に座っていたのが、やがて俺の師匠になる、将軍爺こと林正三（まさみ）さんだったんさ。俺たちのやりとりを横でじっと聞いていたんだな。で、俺に、「おめえクマ獲りになりてえんか？」と聞くから、なりてえって答えたら、そんなら春から俺んところへ来いと声をかけてくれた。それから

25年間、俺にとって将軍爺はずっと父親のような存在になった。

生まれは大正8（1919）年1月3日。正月の3日に生まれたから正三っていう名前になったって話だ。将軍爺っていうあだ名は、尋常小学校時代についたらしくて、三代将軍の徳川家光みたいに知恵がまわるんで、そう呼ばれるようになったって話だ。矢木沢（やぎさわ）ダムに近い藤原という集落に住んでいた人で、爺さんの代からクマ獲りを生業（なりわい）のひとつにしてきた。

この爺さんっていうのが肝の据わった人で、沼田藩の家老だったという人をクマ獲りに案内したことがある。その人は弓矢でクマを獲るべえと持ってきたそうだ。3本射たものの、矢を折られて逃げられた。それを追っていったら途中に隠れていた。手負いになったそのクマに将軍爺の爺さんが火縄銃を向けたんだけど、コキンと音がしただけで鳴らねえ。2回やっても同じで、こんなもんはだめだと雪に銃を刺したとたん、ベーンと火が噴いた。その音を聞いてクマが怒ってきたので、今度は手槍を構えた。そしたらクマが槍を手で払ってきて、その拍子に自分で自分の肉をえぐってぽとんと落ちたんだと。それでもクマの力はものすごく強くて、槍は結局、叩き落とされた。とっさにクマのあごの下に飛び込んで抱きついたら、50mも一緒に転がり落ちた。

しがみついたまま腰の小刀に手をかけ、クマに突き立てた。その拍子に手をかじられ、小刀を落としちまった。今度は死んだふりしたら、肩のところをがりがり噛んで逃げていった。以来、手が不自由になったってことだが、クマが自分でえぐり落とした肉を拾って帰ったっていうんだから、昔の人は豪傑だいね。

そういう家で生まれ育ったから、将軍爺もクマ獲りはうまかった。終戦の翌年の、物がないときに結婚しているんだけど、その支度金をクマで調えたっていうからすごいよね。昔、クマはすごく値がよくて、皮も肉も胆も売れたから、1頭獲ると20万円くらいになったっていう。今の20万円じゃなく、昭和21(1946)年の20万円だからね。当時の藤原ではいちばん規模の大きな結婚式だったそうだ。

でも、クマは年中獲れるわけではないから、生活は豊かではなかった。炭焼きだとかゼンマイ採りだとか、いろんな仕事を組み合わせて食ってきた。いい鉄砲を持っているわけじゃないけど、うまいから確実にクマを獲る。駆除隊に入れると、腕がいいもんだから出たクマをみんな潰し(倒し)ちゃう。いつも獲るもんで、貧乏人のくせにとやっかみを重ねてくるわけさ。猟師根性の嫌らしさっていうか。大物猟のなかにも派閥があったんだよ。将軍爺はどの派閥からも疎まれていたから、結局、ずっと一匹狼だった。その人が、おめえクマ獲りてえのか、と声をかけてくれたわけだよ。

ノウサギ駆除で鉄砲の腕を試される

ただ、すぐにクマ獲りを教えてくれたわけじゃなかった。まず、されたのが腕試しだ。クマ獲りてえって言っているけど、それだけの才能があるのか。そこを試験されたんだな。俺は鉄砲がうまくなりてえんで、練習はずいぶんとやった。当時25歳。給料が安いうえに子どもがいたから、練習に使う弾代を工面するのも大変だったけど、とにかく射撃場にはよく通ったよ。

将軍爺に試されたのは、猟友会合同のノウサギ駆除のときだった。俺は銃を買い替えたばかりで、持っていったのがニッサンミロク(国産銃メーカー)のスラッグ専門の20番の銃だった。それまでの銃は基本が散弾用なんで、一発弾のスラッグだと的にまとまらない。ところが、この新しいスラッグ用の銃はよく当たる。そのかわり高かったねえ。当時で35万円した。2年月賦にしたけど、うちのかぁちゃんは大変だったと思うよ。でも、今も現役で使っていて性能は満足。そう考えると安いよね。

その銃を将軍爺に見せたら、おお、いい銃だな、見当がついてるって褒めてくれた。見当っていうのは照星(しょうせい)・照門(しょうもん)のことだ。爺の銃は年代が古いうえに粗末で、ぼっちがひとつしかついていない。

そのノウサギ駆除では、俺と爺はタツメ(射手)になった。つまり勢子(せこ)が下から追い上げたウサギを撃つ役。しばらく待っていたら、下からぴょんぴょんとウサギが上がってきた。距離は50m。散弾じゃ死なない距離だ。爺、来たぞって言ったら、この距離じゃ当たっても獲れねえから、もう少し近くに来るまで待ってろって言う。そうこうするうち横へ向かっていったので、爺、撃っていいかって言ったら、撃ってみろと。スラッグ弾を入れて一発撃つと、ウサギがぴょーんと跳ねたので、もう一発撃ったら、今度はどてっ腹に当たった。爺が、おめえはすげえ、あんな遠いところの飛んでるウサギを当ててって。そりゃそうさ。爺の時代の鉄砲とは性能が全然違うんだよ。でもみんなに、高柳はすげえぞ、飛んでるウサギを撃ったって言ってくれて、俺も鼻高々さ。群馬県猟友会主催の射撃大会には第1回から出ていて、わりと上位にいたんだけど、実猟で腕を認めてもらえたのはうれしかったね。

それで、あらためて頼んだよ。爺、今度はクマ獲り連れてってくれよって。そしたら、よし連れていくと。それから師弟関係が始まった。

鉄砲がいくらよくてもクマは獲れない

爺は車の運転をしないんで、俺が乗せて爺が指示する山を一緒に歩くわけよ。クマは最初から見えた。でも、爺が指す距離は思っていたよりうんと遠いんさ。あれじゃ当たらねえべって言ったら、世話ねえや、近づきゃいんだって言う。どうやってクマに近づくんだい？って聞いたら、黙ってついてこいと。俺の歩いたとおりに歩けって。師匠の足跡の上を歩くと音がしねえんだよ。枝なんかがないところを瞬時に選んで歩いている。つまりクマと同じ歩き方なんさ。もしどうしても足を置きたいという場所に枝があったら、つま先でどけてから置く。太極拳みたいに静かなんだ。岩場でも決してジャリッという音を立てない。これが忍びの基本だっていう。

どうやったら音を立てずに山の中を歩けるか。射程内まで獲物に近づく方法。そして、どうやって止める（獲る）か。クマは耳がいい。鼻もいい。人間の追跡なんてすぐに気取ってしまう。高っ鼻といって、鼻をつんと上にして風の中からにおいを拾うから、風上から近づくとわかっちゃうわけ。すぐに逃げていってしまう。あんなにでかくて強い動物なのに、いつも警戒しているよ、クマっていう動物は。

斜面にいれば、クマはいつも下のほうを警戒しているね。でも、上から近づくとわからねえ。なぜなら、上から下には風は吹かねえから。においを運んでくる風は、たいてい下から吹き上げる風だ。ときどきにおいを嗅いじゃ、また餌食っている。でも馬鹿だから、自分のいる下側しか気にしていないわけよ。体に栄養をたくわえないと厳しい冬を生き残れないから、秋は馬鹿になったみたいに餌を漁る。そこに油断が生まれる。木の葉も落ちているので、人間から見ると姿を見つけやすい。でもクマは眼はあんまりよくないもんだから、枝なんか踏んで音を立てても、しばらくじっとして動かなけりゃ、また餌を食いはじめる。色はあんまりよくわかんねえみたいだね。オレンジ色の服を着ていたって、木の横で動かなきゃ気がつかねえ。するとまた餌を食いだすんで、そっと近づく。だるまさんが転んだって遊びがあるべ。あれと同じだよ。視力だけならクマより人間のほうがいいんだよ。

爺は村田銃から猟を始めた人で、持っている銃もひと昔前のものだったので、とにかくクマに近寄るまでは引き金を引くなという人だった。昔は、火薬も黒色火薬だろ。パワーがねえんだよ。しかも弾も自分で作ったものだから、がたがたしてる。そういう弾は火薬が爆発したときにガスの力が抜けちゃうんだよ。そういうこともあるんで、うんと近づかないと獲れなかったんだ。

当時は生意気だから言ったんだよ。俺の銃は爺のより3倍も4倍も性能がいいんだよって。でも、信用しねえんだ。だめだ、近づかなけりゃって。とにかく近づけって。おめえ、クマに近づくのおっかねえか?って聞くから、ああ、おっかねえよって答えた。そしたら、でも、近づけば１００％獲れるぞって言う。師匠がいちばん近づいたときはクマまで５ｍのところまで迫ったそうだ。クマの通り道に餌場があるだろう。その餌場に、朝の暗いうちから息殺してじーっと待ってるんだと。煙草も吸わないで。すると、クマががさがさって落ち葉を引っかきながらやって来るわけだ。

あるとき、じっとしていたらクマが餌を探しながら自分のほうに歩いてきて、５ｍくらいのところでようやく気配に気づいて、鼻を上げてにおいを嗅ぎ取ろうとしたんだと。そのとき、ウワッと大声を出したら、向こうはびっくりしてグワッと立ち上がって月の輪を見せた。そこを撃った。相手が立てば、的がよりでかくなるから、当てるのはわけねえって。昔の猟師はそこまで根性があった。生活そのものがかかっていたから、見つけたら絶対に逃すなっていう意識は、今の俺ら以上に強かった。クマの足跡に乗ったら100%獲る。気迫が違うよね。

だから最初に言われたのは、おめえ、真剣にやれ。いくら鉄砲がよくたって半端な気持ちじゃ、クマは一生獲れねえぞって。俺が教えるんじゃねえんだ、おめえがクマから教わるんだって。爺、クマは口きけねえぞ、聞いたら答えてくれるのか？って言ったら、笑いながら、馬鹿野郎、教わるっていうのは、クマの動きを山ん中で見るってことだべって。

クマ猟の極意は「将を討つ者はまず駒を射よ」

極力音を立てずに歩くには、ふたりよりもひとりが圧倒的に有利。なのに俺を連れていってくれたのは、こいつを一人前の鉄砲撃ちに育ててやろうと思うからで、これは今の俺の立場でもある。今日の取材なんて、本当は絶対に猟になりゃしねえんだぜ。弟子だけでなく、おめえたちまでついてきただろう。山の中であんなにガサガサ足音立てていたら、クマに筒抜けさ(笑)。

今日、山へ連れていくとき、俺が止まったら止まれと言ったろう？　あれはかすかな音を聞いてるんだよ。カサカサと落ち葉をかく音とか。その音がするほうへ静かに詰めていけば、やつらは基本的に餌のほうに気が行ってるから近づけるんだよ。でも、そのとき枝を踏んでパキッと音がすると、すぐに警戒モードに入る。シカなんか特にそうだね。いつも耳を動かして音を聞いている。アンテナなんだよ。クマは意外に平気なんだ。山親父（やまおやじ）だから。特に大物は自分にはおっかねえものがねえと思っているから。鼻も耳もよく利くし、頭もいいんだけど、少し強気というか、それゆえのずぼらな面がある。それと視力の弱さを利用して獲るんだよ。シカのような弱い動物は、鼻も耳も目もいいから近づくのは容易じゃない。

ヤマドリが脚で落ち葉を返すときも大きな音がするけれど、クマは引っかき方がまた違う。ドングリを拾って食っているクマは、自分が餌を食べているときは盛大に音を立てるので、そのときはこっちの出す音が聞こえにくい。だるまさんが転んだっていうのは、そういうタイミングを計って少しずつ近寄るってことさ。ああ、夢中になって食ってやがらあ。気づかれずにうまく近づけた。でもケツがこっち向いているな。ケツじゃ当てても肉がダメになるだけだな、早く頭をこっちに向けないかなと待つわけさ。動けば気取られるから、とにかくじっと見ているんだけど、なかなかこっちを向かない。しびれが切れて、爺に小さい声で、こんなときはどうすんだって聞いたら、鉄砲で狙いながらひと声出してみろや、おうって。すると必ずこっちを見るからと。

あとはどこを狙うかだ。腹を撃ったら胆をダメにする。尻に当たったら肉が無駄になる。撃つのは首。それか肩の付け根。肩の付け根に当てちゃうと、前脚1本分の肉が減ってしまうんだけど、弾が肺や心臓に行くからクマを動かなくできる。師匠からは頭を撃てと教わったけど、一発で死ぬ場所ってわずかなんだよ。

骨にするとわかるけど、クマの頭って大きく見えても頭蓋骨自体は意外にちっちゃいんだよ。脳みそはあんまり大きくない。鉢を割る…脳みそをぶっ壊すことをそう言うんだけど、なかなか当たるもんじゃない。当てる自信がある距離なら首、そうでないときは肩を狙う。肩を貫通すると血が肺にまわって呼吸ができなくなるから、あっという間に転がっちゃうわけ。そこへ行って、頭を撃ってとどめを刺せばいいんだから。

「将を討つ者はまず駒を射よ」といわれるけど、まさにそのとおり。頭に当たれば理想だけど、首でも肩でもいいから、とにかく当ててまずクマの足を止めろ。それからそばに行って頭を確実に撃て。とどめを刺すということは神経を破壊すること。あるいは呼吸器を壊して動けなくすること。これが師匠に教えられた基本だよ。呼吸器と神経の両方が無事なら、心臓ぶち抜いたって１００ｍくらいは暴れて走るからね、クマは。

わがことのように喜んでくれた初獲物

いちばん最初にクマに引き金を引いたのは、25歳のときだった。そのときは師匠と一緒で、場所は奥利根の矢木沢ダムの奥だった。めっけたのは爺だ。あそこにいる！って言うんだけど、俺には全然見えねえ。よく見ろって頭をこづかれて。そしたら木の上に黒い塊がたかっていた。サルナシの実を食っていたんだよ。いたいたって言ったら、今度は頭押さえられ、あんまり首出すんじゃねえ！って怒られて。どうする爺?って聞くと、こっちからだと遠すぎるから大回りしようという。それで山の裏手から時間かけて歩いた。まだ木にいるかなと近づいて見たら、一生懸命サルナシを食べているのが見えた。でも、そこは岩場で、先が谷になっている。そのまま進むと、こっちの姿が丸見えだから気取られてしまう。距離は120m。

高柳、おめえ当てられるか?って爺に聞かれたけど、撃ってみなきゃわかんねえとしか答えられなかった。そのころ、俺はまだスコープを持ってなくて、オープンサイトだった(照星と照門を重ねて狙いをつける方法)。木を台にして狙いが動かないようにして、とにかくドッシーンと撃った。爺が、当たった!って言ったけれど、そのクマは逆さになって木を折りはじめた。俺は撃った瞬間、銃がはねてどこに当たったか確認できなかった。弾道を計算して、クマの頭よりちょっと上を狙って撃ったつもりだった。木の上で急所だとか背骨に当たれば普通だったら落ちるのに、そいつは落ちなかったんさ。いま思えば、後ろ脚に当たったんじゃないかな。

木から降りて逃げだしたんで、爺は次を早く撃てという。ドッシーンと撃ったら外れて、また早く撃てって言うんで弾詰めて撃った。そしたら、当たった!って言うんだよ。でも、そいつは倒れなかった。獣って鉄砲の弾に当たればだいたい動けなくなるもんだと思ったから、たまげたよね。2発くらっても倒れない。クマって本当に恐ろしいもんだと身震いしたよ。そしたら、そのクマがこっちへ向かってきだしたんさ。弾は全部で5発しか持っていなかった。木の間から顔を出したときに4発目を撃った。それは当たらなかった。谷だから銃声があちこちに響いて、クマもどこから音が聞こえてくるのかわからない。混乱してさらに速足で向かってくる。焦ったよね。

爺が、おい、早く撃てって言うんだけど、弾は残り1発しかない。爺、1発しかねえぞと言ったら、うんと引きつけて撃てって言う。心臓がばくばくさ。少し低いところに下りて、もう捨て身の気持ちで待ち構えようとしたら、今度は気取られた。そしたら爺が怒鳴っている。おい、俺のほうに来ちまったって。俺が、えっ?て言った瞬間、クマは俺らの間をすり抜けて逃げていった。見ると土の上に血が点々とついていた。ヒバ(常緑針葉樹)の林の中に続いている。おっかけてヒバ林の中へ入ろうとしたら、行くな!　黒布(常緑樹の黒い葉陰)へ入った手負いのクマは必ず隠れて待ち構えているからやられる!と怒られて。どうすんだい?と聞いたら、これは残念だけどあきらめろって言われて。

そいつの足跡は大きくて。いいクマだったたって爺は言った。逃げられはしたけれど、このとき初めて、俺はクマに対して引き金を引く自信がついたのさ。

クマがいる場所にもだいたいの法則っていうか、やつらの習性があるので、それも教えてもらった。それがわかっていれば初めて入る山でもクマは獲れる。餌場と寝場所との関係、冬眠する巣穴の場所と傾向。冬眠前の行動…。最初の一頭を獲ったのは、師匠について3年目だね。爺、ひとりで行っていいか?って聞いたら、ああ、行ってこうって言うので、自分の力だけで山を歩きはじめた。

スギの植林の縁にナラの林があったら、クマはたいていいるから、必ず日陰側から登って上からその境目を見てろ。1時間でも2時間でも。師匠に教わったとおりにじっとしていたら、暗いスギ林のところからナラの木に向かってクマが出てきた。確かに餌を食いに出てくるんだよ。おめえの腕なら50~60mからでも当てられるんだから焦らないでじっくり見てろと言われてたんで、ドングリを食いはじめるまで待っていた。もういいかって、一発ドーンと撃ったら即死だったよ。俺が28歳のときだったね。

30㎏くらいの小さいクマだった。ドングリがよく実った年で、それをたくさん食べていて。3歳の、まだ子どもを産んでない雌のクマだったから、肉の味は最高だった。爺に、食ってくれって片脚を持っていったら、おお獲ったかって、わがことのように喜んでくれて。それから、高柳がひとりでクマ獲ってきたぞって言ってくれて、次の新年会からはクマ撃ちの席に入れてもらえるようになったんさ(笑)。

以来、爺には一人前の仲間として扱ってもらえて、それからちょこちょこ一緒に山に入った。冬眠する穴も全部教えてくれて、クマが出ても、俺は眼が悪いから、高柳、おめえが撃てって花を持たしてくれてね。そういうとき、俺は獲ったクマを爺にそっくりあげた。爺は仕事でクマを獲っていたけど、俺は本業が別にあってクマ獲りが本職じゃねえから。当時、熊の胆は売れたからね。会社の社長なんかはいいお得意さんだった。爺は宝川温泉の社長に売ってたな。持っていくとそっくり買ってくれて。いちばんでかいクマは、1頭で100万円になったんじゃないかな。俺もそのときは皮を剝くの手伝った覚えがある。190㎏あったと思う。奥利根の奈良沢で、爺ともうひとりの弟子で獲ってきた。あんまり重くて山から下ろせねえんで、次の日、何人かで応援に行って出してきた。寝かしたらちょうどこたつと同じくらいの高さだった。頭持ち上げるだけでも大変、重くてね。その胆を見たときはもっとぶったまげた。弁当箱に入れてあったんだけど、蓋が持ち上がるかっていうほど大きかった。干し上げてもでかかったね。両手で輪を作ったくらいの大きさだった。

ブナの木に残る「切り付け」の意味

奥利根の沢を遡ると印象的なのが、太いブナの木だ。こうしたブナの幹には、古い年号とともに住所と思われる地名や、姓名、メモ書きのような言葉が刻まれていることがある。モリさんがこれを初めて見たのは、割沢にイワナ釣りに入った40年以上前のことだ。

「キャンプする場所を探しにブナの生えている窪地へ入ったら、背よりも高い木の幹に字が書いてあるんさ。越後國とか、なんとか衛門とか。明治、大正なんて文字もあって、昭和のものは多くが戦前の年代だった。へえ、こんな山奥にも昔から人が来ていたんだ。でも、これはなんなんだろうって、あとで師匠の将軍爺に聞いたら、それは切り付けというもんで、クマ獲りが鉈の先で傷付けて残した字だって言う。越後國ってことは、山越えてここまで来たんかいと聞いたら、そうだ、昔、奥利根は越後の衆の実質的な猟場だったんだって言う。それから興味をもって、ブナの大きな木があると切り付けが残っていないか見るようになった。赤倉沢、水長(みなが)沢、井戸沢、コツナギ沢…いろんなところにあった。100、200じゃきかないべ」

最も古い年代は明治後期。新しいものは昭和40年代。より古いと思われるものもなくはないが、樹皮の傷が広がりすぎ、もはや判読できない。昔の猟師は、こうした「切り付け」をなんのために残したのか？

「いろんな見方があるよね。まずは宿帳というか、旅の記録のようなもの。俺はここに来たぞという。木によって書いてあることはいろいろだけど、名前は必ずある。住所、年齢、同行者の人数。ときには天候。目的が書いてあることもある。穴見(クマの冬眠穴の探索)とか、跡見(足跡の探索)とか。確かにクマは獲れる、なんていう感想付きの切り付けもあるよ。オチンチンの絵を刻み込んだものを見つけたとき、俺はいたずら書きだと思ってたんだ。けど、あとで師匠に聞くと、そうじゃねえんだ、と。山の神様は女だから、男が大好き。これでクマを授けてくださいっていう、まじめな奉納なんだと。俺が考えるには、切り付けっていうのは墓標の意味合いもあるんじゃないかね。こういう山の中では何が起こるかわからないだろう。越後から山を越えてクマを獲りにくるのは雪が締まって歩きやすい春。切り付けの日付けも4月、5月がほとんど。その時期の奥利根は雪崩の危険も高い。巻き込まれたときは、ブナの木に残した切り付けが、その猟師がそこに生きたっていう、ひっそりとした証になる」

モリさんは、明治時代の切り付けに記されていた集落名と姓名を手がかりに、ある人物の足跡を新潟県側まで訪ねてみたことがある。その家はすでに孫の代になっていたが、切り付けを残していった本人の写真が残っていた。晩年の肖像で、あごに長い白鬚をたくわえた穏やかそうな老人だが、眼光は鋭く、いかにも長年、暮らしのためにクマを追ってきたという面立ちの人物だったという。

ところで、なぜ切り付けはブナの木なのか。それは樹皮の平滑性だ。ミズナラやトチも大木になるが、表面が荒いため〝キャンバス地〟には適さない。ブナは斜面が崩落してできた踊り場のようなところに真っ先に生える木でもある。そういう平らな場所は野営に適しているので、休憩の合間に切り付けを残したのだろうと、モリさんは言う。どの切り付けの字も大きいが、剣鉈で刻んだときの字はごく小さなものだという。木が生長して幹まわりが大きくなるにつれ、切り付けの字は太く大きく引き伸ばされる。フランスパンの斜めの切り目の原理と同じだという。背丈よりも高い位置にあるのは、厚く積もった雪が足場になったからだ。

太いブナの木に残る切り付け。かつて新潟側の猟師が春グマ猟の際に残していった。明治、大正といった元号と、数字の一部が見える。「熊取」の文字も。木が太くなるにつれ不鮮明化していくため、あと20年もたてばこうした記録は消えてしまう

狩猟の実際

銃を持つ自覚と責任

本当は単独猟が好きな理由

毎年、11月15日の狩猟解禁日は、仲間と巻き狩りをしているよ。鉄砲撃ちにとっちゃお祭りみたいな日で、古い仲間や弟子たちが前の晩からうちへ集まる。作戦を練って役割を確認して、家が近い連中はいったん帰って、遠くから来た者はここで仮眠して、朝一番にみんなで山へ向かうんさ。作戦どおり、タツメ（射手）は持ち場に向かって歩き、勢子も予定の配置につく。無線で確認し合いながら、用意が整ったら勢子のひとりが轟音玉を鳴らす。それが俺らの巻き狩りの合図だ。

獲物が獲れたら、夜はみんなで解体して料理を作り、「今年もよろしく。みんなで楽しく、そして安全に猟をしようぜ」っていう感じで親睦を深める。まあ、猟師の正月みたいなもんだいね。どこのグループも、解禁日っていうのはこんな感じだと思うよ。俺らの場合、だいたい解禁日から2～3日、巻き狩りをする。今は鉄砲撃ちもほとんど勤め人だし、鉄砲の音を何度も聞くと獣も警戒するから、みんなで集まって猟がやれるのはそれくらいが限度だ。

本音を言えば、俺は巻き狩りがあんまり好きじゃないんさ。銃っていうのは厳しい法律のなかで許可を得た、限られた人しか持つことができない道具だけど、免許を持っている人間たちだけでやるからといっても、猟は危ないことは危ないんだよ。実際、鉄砲の事故って巻き狩りをしているときに起こることが多い。事故っていうのは、つまり暴発とか誤射さ。県の猟友会では、山の中でアクシデントがあったとき問題が大きくなるという理由で単独猟はすすめないんだけど、今は携帯電話や無線機も持っているから、実際はひとりで山に入ってもそれほど不安はない。実際の事故の多くはグループ猟のときに起きているっていうのが実態なんさ。

そして、暴発とか誤射を起こす多くは年配者。若い子や初心者は、教習を受けてきたばかりだから基本を忘れない。ところが免許取ってからの年数が長い人っていうのは、どうしても気がゆるみやすいんだいね。車の運転と同じで、今まで事故を起こしたことがないという妙な自信だけはあるものだから、弾を入れっぱなしにするとか、安全装置を掛けてないとか、そういう基本を平気で破ってしまう。あるいは獲りたい一心で、何か影が動いた、がさがさってヤブが揺れただけで、よく矢先を確かめもしないで引き金を引く。ハンターはオレンジ色の服を着る申し合わせになっているから、人間だったらわかるよって言う人もいるけど、もしハンターじゃない人が猟場に入っていたらどうすんだいってことだよね。実際、山で仕事をしていた人を撃っちゃったっていうケースは全国で何例もある。

ハンターの意識にあるのは、「ハンター＝オレンジ色」「それ以外の色で動くもの＝獲物」っていう感じだから、錯覚が起きやすいわけ。「なあに、人間か四つ脚の動物かくらいの区別はできるさ、人間は立っているじゃねえか」って思う者もいるかもしれないけれど、地味な服装でしゃがんでキノコ採ってたら、瞬時に人だってわかるかい？　若い子は、獲物を見てから撃てと教育されているから、めったに事故を起こさない。事故を起こすのは鉄砲持っている年数だけは長い親父連中なんだよ。絶対やっちゃなんないのが、「たぶん獲物だ」っていう判断で引き金を引くこと。確信してから撃つのが狩猟のいちばんの原則だからね。だからくれぐれも気をつけるようにと作戦会議のときも、猟の当日も、口を酸っぱくして言ってるよ。

巻き狩りでタツメやっているときに、がさがさって音がすれば誰だって緊張するものさ。グループ猟には責任ってものがあるから、逃がしたら怒られる、笑われるっていうプレッシャーも強いんさ。焦りが起きやすいから、基本を忘れて慌てた行動をする。それが大きな事故につながってしまうわけだ。現に群馬県でも、近年、死亡を含む事故が何件か起こっている。そういうこともあるから巻き狩りというのは軽々にはできないんさ。鉄砲は車の運転と同じで、一度人身事故を起こすと、撃ったほうも撃たれたほうも人生が狂うほど苦しむことになる。絶対に起こしちゃなんないことなんだ。

だから俺は、単独か、弟子をひとり連れて山の中を静かに歩いて獲物を追い詰めていく、忍びのほうが好きなんだ。忍びのほうが必要以上に獣を警戒させないし、余計な心配をしないで猟に集中できるからね。師匠と弟子でやる忍びの場合は、焦りっていうものが起きにくい。信頼関係がしっかりしているから、たとえば師匠が獲物を見つけたら、おい、あそこで餌食ってるぞ。ゆっくりでいいから、うんと引きつけてから撃てって弟子に言えるでしょう。俺もそうやって教わってきたんだよ。

つまらないプライドも事故を招く原因

でも、巻き狩りっていうのは、ぜんぜんやり方が違う。勢子が獲物を警戒させ、タツメのところへ誘導していく猟法だから、獲物の足の動きは早いし、ハンターは周囲の安全確保にも気をとられるんで、気持ちに余裕がなくなりやすいんだよね。それと、鉄砲持った者が5人も6人もいれば、変な対抗心や功名心も強くなる。つまり、人に対していい格好がしたい。そういう気持ちが行動となって、焦って引き金を引く人間も出てくるわけ。

俺にもそういう時期があったよ。ハンターっていうのはみんな仲間だと言いながら、腹の中ではお互いをライバルだと思っている。俺のほうがあいつよりうまいぞ、と。猟師根性のいちばんいやらしいところは、誰かが失敗したときさ。猟の終わった酒の席で、おめえが逃がしただとか、どこ見て撃ったんだとか、獲ったやつや、引き金引くチャンスがこなかったタツメの連中が言うんさ。からかい半分に。それがまた次の焦りの原因になってしまう。俺は猟師のそういういやらしい気風をさんざん見聞きしてきたから、自分が親方になって巻き狩りをするようになってからは、そういうムードをつくらせないようにした。外したって怒りはしねえから、とにかく落ち着いて撃ってくれって言ってる。

今の時代、鉄砲撃って獣を獲ることは家族を養う仕事でもないんだから、焦るほど緊張しなくたっていいんだよ。参加メンバーへ必要以上にプレッシャーをかけてしまうグループがあるとすれば、それは親方が悪い。人をまとめる力量がないってことさ。特に今の若い連中はプライドが高いから、冗談半分のひと言でもすごく傷つく。ちょっときついことを言うと、切れてプイッとなる子もいる。俺らのころは何を言われても先輩に対しては「はい」だったけど、今はそういう時代じゃないからね。チームをまとめる力がないといい巻き狩りができないし、猟の後継者も育たない。

昔の秋田の阿仁マタギなんかは、シカリ（頭領）という絶対的な権限をもつ人の元できちんと統率がとれた、本当の意味でのプロの猟師集団だった。シカリは世襲じゃなく、リーダーとしてみんなをまとめる力、そして高い狩りの技術を兼ね備えた人だけが後継者として指名される。なぜかというと、地域の生活がかかっていたから。実力不足の親方を選んでしまうと、獲物が獲れずみんなが貧乏しちゃうから、しかるべき人物をシカリにするし、そのための育成教育もやっていたんだよ。

このマタギの考え方は、今のグループ猟にもなんらかの形として生きていると思うけど、中身はかなり薄いもんになっているよね。今は縦の人間関係っていうより横に近い感じで、グループとしての規律もゆるい。にわか猟師の集まりも多くて、腹の中じゃみんな自分がいちばんうまいと思っているから、勝手に動く。獲物を逃がすし、事故の危険も増す。世代間のものの考え方の違い自体が俺らのとき以上に大きいから、これからは巻き狩り自体が難しくなっていくと思うよ。

俺の場合、巻き狩りには気の合う人間しか入れないことにしている。事故を起こすようなグループは、要するにチームとしての足並みがそろっていないということなんだよ。会社やスポーツチームだって同じだよね。そういう関係のなかで、こいつは見込みがあるな、将来、狩りのいい親方になれそうだなと思った若い衆には、俺は師匠から受けたときのように教えるようにしている。もちろん、本人が鉄砲を極めたいと思えばだけどね。

COLUMN

猟に向く人、向かない人

そもそも狩猟には、向く人、向かない人という「適性」はあるのか。モリさんは、本人のやる気と向上心が強く、よい師匠や先輩に出会うことができれば、獣が多い今の時代は誰でもそこそこ獲物が獲れるという。ただし、唯一、ハンターに向かないタイプの人たちがいる。

「殺生するのが嫌な人だよ。猟の向き不向きというのは動物を殺せるか、殺せないかだけ。俺にはちょっと信じられないんだけど、猟はやりたいけど、やっぱり動物は殺せないっていう人がいるんさ。銃口の前に獣が出たとき、引き金を引けるかどうか。自信のない人はほかの趣味を選んだほうがいい。たとえば射撃と狩猟。銃弾を標的に当てるという点では同じ趣味だけど、中身はまったく違うからね。実際、射撃は上手だけど自分は実猟には興味ありませんという人は多いよ。犬もそうだけど、獣を目の前にすると本能的に興奮するような猟欲の強い人間でないと、銃猟はできない。免許を取るまでは血を見ることってないんだけど、実際に猟をすれば命を殺(あや)めなきゃなんないわけで、噴き出した血も見るし、獣が苦しがったり、ときには向かってくることにも直面する。鉄砲の免許は取ってみたものの、それがつらくて葛藤しちゃう人も、たまにだけどいるんさ」

近年の鳥獣被害を受け、狩猟者に対する世間の期待が高まっている。若者のなかには社会的使命感から狩猟に関心をもつ人も少なくないが、モリさんはそうした〝意識の高い〟動機から若者が狩猟に入ることには反対だ。

「狩猟って、おもしろいからやるものなんだよ。義務感でやっていると少しでも思ったら、続かない。駆除と狩猟はよく似ているけど、やっぱり性格の違うものなんさ。俺も駆除にはさんざん出動しているけど、社会的役割としてハンターは大事な存在だなんて言われると、ケツの穴がこそばゆくて仕方がないね」

狩猟に対する純粋な好奇心。それが向き不向きを分ける要素だという。

ハンティングの技術は猟欲の強さに
比例する。この目で見込んだ若者に、
クマ猟を伝授しているところだ

巻き狩りの基本戦略

巻き狩りは、獲物を包囲する猟だから、効率はいい。俺は解禁日の3日前から山を歩いて、獲物の気配があるかどうか、それはクマかシカか、それともイノシシか。どれくらいの大きさで何頭くらいいるか。どの獣道を使っているのか。そういうのをぐるっと見てくる。獲物って常に動いているから、解禁の前日まで見ておかないと意味がない。経験の浅い若い子だと、狙いをつけた山から抜けた(逃げた)か、まだその場所に残っているかの判断が、まだできない。だから親方の自分がマメに通ってしっかり見当をつけ、解禁前夜に作戦会議をする。自分が集めた情報と考えた戦略をみんなに示すのが巻き狩りのリーダーの役目なんさ。

でも、今日新しい足跡を見たからといって明日の解禁日もその近くにいるとは限らない。これが狩猟の難しいところだな。読みが外れて獲れないこともあるけど、それはしょうがない。そういうこともあるから猟っていうのはおもしれえんだよ。いつもいつも簡単に獲れるなんてことは、絶対にない。そんなに簡単に獲れるもんだったら、みんな飽きちゃって、猟なんてやらなくなるさ(笑)。

下見のときは、まず獣道を見る。この獣道を水上あたりじゃ「通い」って呼ぶね。通いっていうのは、だいたいどの動物も一緒に使っていることが多い。なぜかというと歩きやすいから。どの動物も…クマもシカもイノシシも、あるいはタヌキやウサギのような小動物も同じようなところを歩いているよ。楽なところ、楽なところを歩いて移動しようとするので、自然と動物同士の通路が重なって踏み固まる。すると、どんどん歩きやすくなっていくんさ。人間の場合も同じだよね。誰もが無意識に楽なところを歩くから、道ができていく。通いの理屈もまったく同じさ。ある山を攻めようっていうときは、まず、通いがどの方向に何本くらい走っているかを知ってないと、作戦は練れない。そもそも猟っていうのは、よく知った、土地勘のある山でなきゃできない、地域に密着した遊びなんだよ。

俺の場合、解禁日に狙うのはたいていクマだ。いくらシカやイノシシが入っている気配があっても、クマがいそうにない山は捨てて、クマの痕跡に絞って調べておく。「二兎を追うものは一兎をも得ず」っていう諺どおりで、ひとつに集中しないとどっちつかずになってしまう。クマと決めたらクマに照準を合わせて痕跡を追いかけていく。ただ、年によってはクマの気配がないときがある。その場合は、とりあえず出たものを撃とうっていうことにしているよ。お祭りの日だからね。

解禁日にクマを狙う場合、まずチェックするのが餌場だ。クマが集まる木の実がなっているところを集中して見ていくわけ。今年はナラのドングリのなり年だから、あそこにたかってるんじゃねえか。ああやっぱりやつら来てるな。このドングリの量なら、まだ2〜3日はここで食い続けるだろうっていうふうに、食べた痕跡から見切るわけさ。2〜3カ所、そういうふうに山を見ておくんだ。

クマはナラ林で迎え撃つ

クマが食べる木の実にはいろいろあるけれど、いちばん好きなのはナラのドングリ、それとクリだね。ナラは標高の高いところがミズナラ。低いところはコナラ。森林限界に近いところはミヤマナラっていう丈の小さいナラも生えている。ブナの実は、よくクマの大好物だっていわれるけれど、それほどじゃないね。なぜかというと、ナラの実のほうが食べやすいから。クマはあんまり植物系の餌の消化力がよくないんで、その分、たくさん食べなくちゃなんない。越冬を控えた秋は、どんどん食って体に脂を貯える必要がある。ブナの実ってものすごく小さくて、ソバの実くらいしかないんさ。苦みがなくて脂もあっておいしいんだけど、クマのような大型動物には小さすぎて食べにくいから、なかなかおなかいっぱいにはならない。クマは、ブナみたいな小さな実でも、ドングリの類は歯で殻を割って中身だけを取り出して食べるんだよ。その点、ナラの実は粒が大きいから食べるのが楽なんだろうな。ブナ実年(ブナの実が大量に実った年)でも、たいていクマはナラの林にいる。

おもしろいことがあってね。ある年、ナラの実がぜんぜんならなかった。そのかわりブナの実は豊作で、俺は、今年はブナ林だろうと見当つけた。痕跡はなかったけど、絶対にこのブナのどこかについているはずだと判断して、解禁日に巻いてみた。このへんの昔の猟師は、ブナ実年はクマは奥山のブナにつくもんだと言っていたので、俺もそういうものと信じてたわけ。

ところが、ブナのあるところを巻いてみてもいねえんさ。で、標高が少し低いナラ林を掻き回した連中がクマを獲った。ブナが不作でもナラの林についてたんだよね。そのとき俺なりに思ったんだ。クマの好物は栄養の高いものだけど、食べやすさも大事なんじゃないかって。アクでえごい(えぐい)、えごくないとかそういう問題ではなく、冬眠前までにどれだけ楽に腹を満たすことができるかで、そのとき食べるものを決めているんだろうなって。

ナラもならない。ブナもならない。そういう年は必ず里のカキの木につくね。渋ガキでも甘ガキでも、カキの木がある近くにしばらくいる。見りゃすぐにわかるよ。枝を折っているし、幹には爪痕もある。カキを食べた痕跡も落ちている。サルが食ったかクマが食ったかは、かじり方ですぐにわかる。そういうとき、そのあたりの山はさわらないことにしている。人家の近くにはだいたいスギ林があったりするから、カキの木についたクマは、昼間そういうところに隠れているんさ。こんな近いところにいたんかいっていうような距離だから、警戒させないようにそっとしておく。周りに対しても迷惑をかけるから、あえて追わない。カキを食いつくして人家から離れたとき、あらためて狙うんさ。

巻き狩りの範囲は山によってさまざまだけど、獲りやすい場所っていうのは決まってる。それが、いま言ったナラの木が集中して生えているエリア。そしてマツとかスギ・ヒノキなんかもあるところ。クマはそういう黒布で寝ながら、起きている間はドングリを食っている。人間の気配を感じると、そこから通いへ出て安全なところへ逃げようとする。クマが使っている通いのうち、経験上ほぼ確実に通るルートを、タツメが3人なら3本に絞り込み、人間から見やすくて撃ちやすい場所…たとえばダル(窪んだ斜面)を見下ろす稜線の上とかで待つわけだ。タツメが持ち場に着いたのを確認したら、勢子はナラの木の生えているエリアの反対側から、横に広がってホーイ、ホーイって大きな声をあげながらタツメのいる方向へゆっくり歩いていくのさ。そうすると、獲物は、3人のタツメのうち、どこかの前にたいてい出てくる。

地引き網に例えたらわかりやすいかもしれないな。地引き網って最初は沖に広く張られているけど、引っ張るうちにだんだんすぼまって、獲物は狭くなった網の奥に寄せられていくよね。巻き狩りの場合、勢子の声が網の代わりになるわけだ。だから勢子は、離れている隣の勢子との間に穴ができないように声を出し合い音を立てながら、丁寧に追い込んでいく。山の中じゃ姿が見えないから、互いの位置や距離をかけ声で判断しながら、クマに心理的なプレッシャーをかけていく。

何があってもタツメは動かない

クマは山親父といわれるだけあって、シカやイノシシとは違い、追い立てられても悠然と歩いてくるよ。うるせえなあ、とでもいう感じでゆっくり、ゆっくり歩いてくるから、タツメが慌てさえしなければ、まず獲れる。もし勢子が、追い立てている途中でクマの姿を見つけた場合は、自分の判断で撃ってかまわない。でも外しちゃうと、クマは通いのルートと関係なしに走って逃げてしまうから、それなりに責任は重いよ。勢子が発砲すると、タツメのいる場所と全然違う方向から抜けていってしまうことがよくあるからね。

タツメは必ず見通しのいい高いところに張る。ヤブがあるようなところやダルの中には立たせない。誤射の防止だけじゃなくて、クマがもし襲ってきたときの対処の意味もあるよ。獲物の位置よりも高いところにいれば、下から襲いかかってきても少し時間を稼げるからね。タツメは、どんなに寒くて手がかじかんでも、腹が減っても、そこでじっとして通いを監視していないといけない。小便もできるだけ我慢する。ザックからカイロや食い物を出したり、小用のため目を離した隙に、クマがひょいっと出てくることがあるからね。猟のチャンスっていうのは、たいてい一瞬しかないんだよ。

そして大事なこと。タツメは持ち場を絶対に離れちゃなんない。獲物が見えないとだんだん不安になって、ちょっと場所を変えよう、もう少し見やすい場所はないか、なんて動いたときに限ってクマは来たりするんさ。緊張感を保てないやつはタツメにはなれないね。そうやってじっと待って、獲物が見えたら、片膝をついて銃をしっかり固定して狙う。慌てないで手順を踏めば、鉄砲っていうのは当たるようにできているんだよ。

クマの巻き狩りは下からの追い上げ

巻き狩りの流儀は、地域やグループごとにいろいろで、獲物を追い落とす方法と追い上げる方法があるけれど、クマの場合は追い上げたほうが楽。追っていくと、だいたいダルから尾根に向かっていく。つまり登っていく。撃つときは獲物を見下ろせるほうが有利だから、俺らの場合はタツメをだいたいダルの上に配置する。登山と同じでクマだって尾根筋を歩くほうが楽なんさ。本能的に楽に歩いて逃げられる場所をめざすんだと思うね。尾根まで上がってしまえば、見通しがいいから今度はクマに有利になる。逃げ方を見ていると、そういうことを知っているとしか思えない。頭のいい動物だよ。

追い落としでやるときもあるよ。こんなことがあった。タツメが先に上がってって、勢子も配置についた。俺もタツメについた。ところが、クマはすぐ近くの八合目にいたんさ。そういうときは「当たっちゃった」、つまり、存在をクマに気取られたっていうんだけど、それがわかったのですぐ無線で勢子たちに、「こっちからクマを追い立てて下ろすから、下の安全なところで撃ってくれ」って伝えた。作戦変更だ。タツメが勢子で、勢子がタツメになるわけだ。まれだけど、そういうこともあるんさ。

クマは、歩くときも逃げるときも黒布を利用して自分の体を隠す。葉が落ちる季節になると、自分の姿が丸裸になってしまうので、必ずスギやヒノキ、マツのような常緑樹のあるところを伝って移動するんさ。シカもイノシシも同じ。なるべく暗いところを利用して移動する習性がある。軍隊やゲリラが服やヘルメットをカモフラージュするのとまったく同じことで、そうすると敵に見つかりにくいわけよ。

俺たちが巻き狩りをするときは、わりと楽なところにタツメを張る。追いはじめて1時間くらいで結果が出るところ。ほかのグループの場合、山を大きく巻いて、勢子が2〜3時間かけてゆっくり追うところもあるね。あんな遠くにタツメ張るんかいってほど。そういうグループは人数も20人くらいいる。俺らは7人くらいでやる。タツメ4人で勢子3人。コンパクトだけど、これで充分、通いは押さえられるよ。やたらめったら人がいれば獲れるってわけでもないし、人数が多くなるほど、さっき言ったように事故のリスクも高まるから、俺は少人数のほうがいいと思っている。まあ、これについてはグループそれぞれの考え方だな。

狙いはクマなのに、巻き狩りをしているとタツメの前にシカやイノシシが出てくることもよくある。撃つのか撃たないのか。それは、さっき言ったように状況によるね。前日までにクマの気配が濃厚にあるとき…たとえば新しい足跡や糞があるとか、落ち葉を引っかきまわしてドングリを漁ったばっかりのときは、ほかの獣が出てもタツメに引き金を引かせない。ただ、なんとなくこの山は少しクマの気配が薄いな、昨日あたり抜けてるかもしれない、と思い直したときは、「途中で出たら何でも撃ってくれ」って無線で伝える。そのあたりは親方の判断だね。弟子をひとりだけ連れて忍びをやるときも、地形によっては途中から弟子を先にまわらせて、挟み撃ちにすることもある。

狩猟グループのリーダー論

撃ち取った獲物は、ほかの多くのグループもそうだとは思うけれど、みんなで分ける。親方が多く取って新入りは少しだとか、撃った人間が多くて撃たなかった人間は少ないっていうこともない。きれいに分ける。地域とかグループによっては、当てた人間は多くもらえるとか、いい部分を持って帰れるっていうルールもあるみてえだけど、だいたいは日本全国平等分配だと思うな。それぞれの部位を人数分に切り分ける。あるいは、くじ引きか何かで順番に欲しいところから持っていく。昔っからの山のルールだよね。山分けって言葉があるだろう。『広辞苑』開いてみな。ちゃんと「獲物などを全員で平等に分けること」って書いてあるから。山の猟師の分け方だから、山分けなんだよ。

なんでそういうふうにするか。俺が考えるに、不平不満が出ないようにするためだと思うんだよね。お金もそうだけど、肉って昔は価値が高かったから、損得に敏感になるだろう。年上の人間や撃った者がたくさん持っていっちゃうと、ひがみや不満がたまるんだよ。会社の仕事だって、そういうところがあるだろう。上司が部下の手柄を横取りしたり、優秀な社員だけ高給がもらえるような会社は必ず不平不満が出るので、全員一致のいい仕事ができない。

巻き狩りの場合は、みんなで力を合わせた結果、チームワークの成果だってことで、獲物の肉を平等に分けるんだと思う。そういうふうにしないと集団がまとまらなくなる。損得の恨みって案外根深いから、積み重なれば何かの拍子に爆発することだってある。鉄砲のない時代は槍や弓矢で獣を追っかけていたわけだけど、いずれにしろ武器を持っているから、人間関係のトラブルがあると怖いよね。そういう諍いを避けるためにも、ひょっとしたら縄文時代あたりから平等に分けるって決まりにしてきたんじゃねえんかい。俺はそう思うね。海外の狩猟民も、獲物を仕留めたときは村人みんなで食べるって話だよね。アラスカでもアフリカでも、アマゾンの奥地でも。

俺の場合、獲物の肉はもらわないか、もらう場合でもみんなより少なくもらう。肉はもうそんなにたくさん食いてえとは思わないから。仲間の取り分を増やしてあげたほうが喜ぶだろう。長年、いろんなグループ見てきたけど、親方がガツガツしているところは長続きしないね。親方とか先輩がいっぱい肉を持っていっちゃうところは、若い衆の眼もギラギラしている。そういうグループはみんなガラが悪いし、必ず分裂する。山でほかのグループと猟場争いを起こしたりね。人間性が必ず出るよ。

そんな戒めもあって、俺は分配のときは一歩引くようにしている。単独猟でクマを獲ったときも、若い衆に、肉取りに来なよって必ず電話して、持たせてやる。これは俺のクマ撃ちの親方の将軍爺の姿勢でもあったしね。上の者が模範となる姿勢を示せば若い衆もそれに倣うから、将来、きっと狩猟の世界にいいリーダーが出てくる。そう思っているのさ。

いま猟場争いの話をしたけど、巻き狩りではほかのグループと鉢合わせすることがたまにあるんだよ。それは仕方がないよね。基本的には、狩猟者登録をしていれば県内どこの猟場でも猟ができるわけだから。でも、各地に猟友会の支部があり、それぞれ昔からの縄張りのようなものがあるから、あえて越境する形で猟をする場合は仁義を切らなくちゃいけない。個人の場合は知り合いを通じて仲間に混ぜてもらう。やっぱり人間づきあいが何よりも大事だいね。同じ猟友会同士のグループが現場でかち合ったときは話し合って決める。昔だと合同で巻いたこともあるらしい。いずれにしても、猟場じゃ喧嘩はしないっていうのが鉄砲をやる人間同士の暗黙のルールなんだけれど、親方の人間性によっては、険悪なムードになってしまうこともあるんさ。

俺は一度も山でほかのグループと鉢合わせしたことがない。なぜかというと、このあたりの親方連中とは日頃から電話し合う仲で、解禁前には入りたい場所を伝え合って、事前に調整しているんだよ。じゃあ、俺らは今回、下でやるわっていうふうに、話をつけてるんさ。猟の後でも連絡取り合って、「うちは4つ潰した(獲った)よ」「俺らんとこは9つさ」なんて報告をするわけだ。こっちは6~7人で4つ。向こうは20人で9つ。ああ、やっぱり少ない人数でもちゃんと獲れる。むしろ歩(ぶ)は少ないほうがいいんだなってことも確認できる。

単独猟の奥深い魅力

おもしろさということでは、俺は忍び――つまり単独猟がいちばんだと思う。まだ本でしかお会いしたことがないけれど、北海道のヒグマ撃ち、久保俊治さんも単独猟師だいね。俺の師匠の将軍爺も単独だった。いかに獲物の痕跡を見つけ、確実に追跡していくか。気取られたら自分が未熟だったってことで、振り返って、何が悪かったのか、どうすればいいのかを考える。忍びっていうのはその繰り返しさ。失敗しても人のせいにできない。単独猟は獣と一対一の駆け引きだから、そりゃ難しい。でも1頭獲れたら、20人で9頭、10頭獲るよりも効率がいい。狩猟で飯が食えた時代、仕事には単独のほうが向いていたんだよね。奥利根は新潟や東北と違って、マタギ文化の圏内じゃないんさ。俺の知っているかぎり、クマ獲りの職猟師はたいてい一匹狼。あるいは弟子とか息子とふたりの猟だった。

忍びは、文字どおりそっと獣に忍び寄って射程内まで近づく方法だ。餌を漁ったりごろごろ遊んでいるクマに気配を悟られないように少しずつ近づいていって撃つやり方で、一匹の動物同士の野性の駆け引きみたいなところがある。これほどおもしろい遊びを、俺はほかに知らない。見切りをして、「この斜面には確かにクマがいる」と判断するところまでは巻き狩りと同じだけど、忍びは挟み撃ちにするんじゃなくて、相手に自分の気配を感じさせないように近づいていかないと獲れない。

ネコが小鳥を捕まえるところを見たことあるかい？ うちで飼っているネコはボスっていう名前のオスなんだけど、これが鳥を捕まえるのがうまくて、キジまで獲っちゃう。あるとき、狙っている姿をよく見たら、俺たちの忍びのやり方とまったく同じだった。相手に悟られないように背を低くして、抜き足差し足で歩く。キジが首を持ち上げて止まったら、ボスも動きを止めてフリーズしたようになる。そのままじっとしていると、キジは安心してまた餌を探しだすんだけど、そのときは目がお留守だから、ボスは草に隠れたりしながら、また抜き足差し足で近づいていく。そんなふうにして、最後は飛びついちゃうんさ。

クマの忍び猟もまったく同じで、とにかく足音を立てないで歩き、クマが視界に入るまで近づく。木の幹の裏側なんかに隠れながら、クマの動きに合わせて止まったりしてね。クマの動体視力はものすごくよくて、動いているものには敏感に反応するんだけど、止まっているものには意外と鈍感で、風でこっちのにおいが行ったり、足音を立てなければわからない。シカの場合は警戒心が強くて、止まってもじーっとこっちを見ている。そのときちょっと動くと飛んで逃げてしまう。クマはじっとしてさえいれば、また餌を漁りだす。餌に夢中になると注意力が散漫になるので、最後は射程圏まで近づけるんさ。

クマがいま考えていることを推理する

クマ撃ちになるには、いくつかの条件がある。まず目がよくなきゃなんない。それと、山の中を歩く体力、運動神経、射撃の腕前。そして度胸だ。でも、もっと大事なことがあるんだよ。それは推理力。クマはいま何を考えているかってことがわからなけりゃ、クマは絶対に獲れない。なぜかっていうと、姿を見つけなけりゃ近づくこともできないから。とにかく山の中を歩いて見切りの眼を養い、クマはどういう時期に何を食い、そのためにどういう行動をとるのかっていうことを理解しないと、いつまでもめっけることができず、すれ違いさ。まず足跡。それから餌を食った痕跡。糞。木に登った爪痕。そういうものを手がかりにずうっと後を追っていくと、クマの考えそのものがわかってくるんだよ。

たとえば、秋にドングリをたくさん食ったクマは、冬眠する穴へ入る直前にヤマブドウのしなびたやつとか、熟れたサルナシのような甘いものを食べる習性があるんさ。今までドングリやクリばっかりだった糞にヤマブドウの種がいっぱい混じりだしたら、これはクマがもう満足してデザートに移ったんで、もうすぐ穴へ入るってことがわかる。オスグマのなかには、とんでもなく遠いところからわざわざ奥利根まできて、そこでメスの尻をおっかけながら秋まで過ごし、冬眠直前になるとまた帰っていくやつがいることもわかってきた。

雪の上の足跡は、どれくらい前に歩いたかがわかりやすいので、追いかけるときの判断がしやすい。輪郭がぼやけたものは時間がかなりたっているので、追っても追いつかない。くっきりしたものはそう時間がたっていないので、追いつける可能性がある。けど、冬眠に向かうクマはドングリを漁っているときと違ってどんどん先へ歩いていくので、相当な距離を追いかけなきゃなんない。そのときは車で先回りするのさ。どこを通ってどこに向かうかは、地形とか今までの行動パターンでだいたい見当がつくからね。足跡の点々とした動きと山を見比べりゃ、ああ、あいつはあそこへ行きたがってんだなってことがわかる。

クマは利口な動物だから、必ず黒布を伝っていく習性があるんだ。自分の体が黒いだろう。常緑樹の影も黒いから、そこを背にすれば姿を隠せることがわかっているんだね。餌がある場合は別だけど、移動中は、明るく開けた場所はめったに歩かない。だから雪の上の足跡が向かっている方向と黒布の生え方を見れば、ああ今度はあの黒布を伝う、その先はあの黒布だってことがわかるわけだよ。黒布がないところでは大きな岩を伝っていく。これもクマの習性だな。

頭を使わないと、とてもじゃないけど追っつかないよ、野生動物は。だから、とことんクマの気持ちになって、俺だったらあそこを歩きたい、不安なときはあそこに隠れたいと考えれば、読みは当たるもんなのさ。実際、ちょっと様子見りゃあわかるから。ああ、あそこへ行きてえんだなと。この足跡の状態から見たら時間的には追っつかないから、車で先回りすべえと判断するわけなんさ。

クマは尾根が歩きやすいってこともよく知ってるね。そのほうが楽だし早えから。尾根を下りちゃ谷まで餌を探して、また尾根に登って移動する。奥利根のうんと上の森林限界の尾根も歩いているからね。なんで餌もないこんな峠にいるのかなというくらい高い場所。そういうところは純粋に道として使ってるんさ。昔の東北のマタギも、尾根伝いにずいぶん遠いところまでクマ獲りに行ってたって話だけど、ひょっとしたらクマに教わったんじゃないかい。クマの歩いた尾根筋を追いかけていったら、かなり遠くまで行けることに気づいたんじゃないか。そんなふうに俺は想像するんだ。

3年がかりで追い詰めた大グマ

俺が今まで獲ったいちばんでかいクマは190kgあって、これは最初に足跡を見つけてから3年がかりで仕留めた。最初に見たのは藤原だった。とにかく今まで見たこともねえ足跡が初雪の上に乗っかっていたもんで、俺はもう色めき立って。1週間くらいかけ、林道をたどりながら尾瀬の至仏山の下まで追いかけていったんだけど、そこで本格的な雪が降ってきたんで追うのをあきらめた。まさか山越えして福島の檜枝岐村方面に向かっているとは思ってなかったんで、山の中で寝られるような装備を用意してなかったんさ。追跡をあきらめて帰ったんだけど、その雪が結局、その年の根雪になった。

翌年、そいつはまた来た。12月、やっぱり同じ場所、まったく同じコースで馬鹿でけえ足跡が初雪の上に乗ってた。ああ、あいつの足跡だってすぐにわかったさ。春か夏にやって来て、藤原のメスに種付けしたあと、さんざんドングリ食って太って帰るところだったんだろうね。やつが帰るコースの見当はついたので、よーしと思って追っかけてったんだけど、冬眠穴に向かうクマはそれまでの餌漁りのときとは違って、よそ見をせずまっしぐらに歩くから、足が速いんさ。雪がサーッと降って、うんと冷え込んだ新月の夜、表面がうっすら凍った雪を、もっこもっこと踏み割って歩いた跡が点々とついている。小半日前の足跡だった。地形とか黒布の関係で一直線じゃないけど、目標のある歩き方だってことがよくわかった。そのときも檜枝岐村の方向に足跡を乗っけてあったから、この野郎、また帰っていくなと思った。

結局、2年目も追いつくことができなかったんだが、冬眠に向かうクマは同じところを通って帰るっていう習性がはっきりわかったもんだから、よし、来年こそは獲るべえと張り切った。そして3年目。また同じところの雪の上に足跡がついたから、今度は後ろを追っかける考えはやめて、山を越えた反対側へ車で先回りしたんだよ。まあ、4時間も待ってりゃそのうち顔を合わすだろうと。そしたら、山の頂上に黒い点が見えたんさ。狙ってたクマだ。ところが、下りてこねえんだよ。理由はこっちの気配だった。雪が深くて車がなかなか進まないもんだから、エンジンをふかしてたんだよね。オイルの焼けたにおいが風に乗ってやつに届いたんだろう。で、方向を横に変えて、俺がさっき走ってきた道路の側に向かって、急な尾根の斜面をケツ滑りで下りていった。

車をまわして追っかけていったら、ベッタン、ベッタンとでっかい足跡がついていて、その先にヒノキの林があった。こんな暗いところに入られちゃかなわねえなと考えていたら、ヒノキの繁みが切れた奥のほうで、何か黒い影が動いたように見えたんだよね。あれ、また見つかっちゃったか、と。足跡を追ったら沢へ向かっている。今度も俺が走ってきた道のほうだ。行ってみたら、俺の車の轍（わだち）の上にでっけえ足跡が乗ってた。で、沢のほうを確認してみた。確かに足跡があって川を渡っている様子なんだが、いねえんさ。夕方4時ごろだ。で、ふと川向こうの山を見たら、稜線の手前に黒い塊が見える。距離にして約１８０ｍ。沢越しなんで今から渡っても追っつかない。尾根を越えられたらアウトだと思ったんで、イチかバチか、立ったまま、添えるものもなしでライフルで狙ったんだよ。いま逃がしたら、また1年獲れねえと思ったんで。

ちょっと遠いけどゼロイン（79ページ銃猟用語集参照）から判断し、スコープに入った瞬間、頭のちょい上を狙ってドシーンと引き金を引いたら、当たった。ゴロン、ゴロンと斜面を転がり落ちて木の根元に引っかかった。念のためもう一発、弾を装填して撃ってくれたけど、その弾は当たらなかった。

持ち帰るにもひと苦労する大物

クマっていうのは油断のならない獣だから、たとえ動いていなくても、近づくときも弾を込めておかないといけない。クマが転がっているところより高い位置まで上がっていって、それから銃を構えながら近づいてみたら、でっけえんだ。体が雪に半分埋もれて、顔のところには手がかぶってたんで様子がわからない。動かないけど、こいつは生きているのか、それとも死んでいるのか。気持ち悪いんさ。じっとしながら襲いかかるチャンスを待っているクマもいるからね。

そばにあったサクラの木の枝を剣鉈で払って、長い棒を作って突いてみた。動く様子はねえ。でも念のため、でっけえ頭に後ろから一発撃ち込んだ。そしたら衝撃で顔がこっちへ向いてヘラ(舌)がだらっとなっているのが見えたのさ。へらが出てりゃ死んでいる証拠だから、ひと安心したよ。検分してみたら、1発目の段階で即死だった。

とにかく、でかい。今まで190kgっていうクマが獲れたのを見たことはあるけど、それに匹敵する大きさだった。こんなでかいクマが獲れるとは思ってもみなかったよ。それも3年がかりで。

でも、喜んでいる場合じゃない。どうやったらこいつを持って帰れるかを考えなくちゃなんない。下はダムだから、落とすと沈んじゃう。とりあえず木に縛りつけておいて、車へ戻って携帯電話の電波が届くところまで出た。師匠の倅(せがれ)に、6人ばかし手伝い連れてきてくれやって連絡したら、そんなにいらねえだろう、2人もいりゃ大丈夫だろうなんて言う。おめえさん、そんなもんじゃねえんだよ。

とにかくでっけえクマだから6人くらいいなきゃ重くて動かねえ。俺がそう言うと、大丈夫、大丈夫、滑車2つ持っていくからって。で、来たのは自分ひとりだけだった。

10m引き上げれば、木を伐り出した作業道があったんで、とにかくそこまでロープでずり上げるべえと、滑車の位置をどんどん変えながら、ふたりで「せーの」と声を合わせて少しずつ引き上げた。これが大変で、体の具合が悪くなるほどくたびれちゃってさ。道まで上がったと気をゆるめた瞬間、また下へさーっと滑っていったりして。なんとか軽トラを寄せられるところまで持ってきたんだけど、荷台に載せるのがまたひと騒動で。重すぎてふたりじゃ上がんないんだよ。垂直だから小さな滑車じゃ役に立たないんだ。しょうがねえから俺のランクル（ランドクルーザー）を持ってきて、太い木の枝がかかっているところまでクマを引きずったんだよ。その枝の上にロープを通して、またランクルで引っ張ったら、クマがだんだん持ち上がった。よーし、下に軽トラ入れろって、ようやく荷台の上に載せた。ロープゆるめた瞬間、車体がぐんって沈んだくらい重かったね。帰って量ったら190kgあった。やっぱりオスだった。

解体したときにわかったことなんだが、そいつは片脚が不自由だったんだ。ライフルが当たって骨が砕けて、それが治った跡があった。ライフルは弾が小せえから特徴的な破壊痕になるんさ。そのせいで脚もちょっと短い。若えときに鉄砲撃ちに狙われてたんだね。おそらく福島側で撃たれたんだと思う。それで、そんなにでかくなれたっていうことは運のいいクマだったんだろうと思うけど、年もそれなりにとっていて、奥歯なんかは真っ平らになるほどすり減っていたね。

半矢のクマに待ち伏せされる

その後140kgのクマを獲ったときも、やっぱり冬眠に向かう道だった。足跡を追っかけていたら、ある長老の車とばったり出会って。高柳もこのクマ追ってるんか。しょうがねえ、おらあ違うところへ行くよって譲ってくれたんさ。その人もかなりクマを獲ってきた人だよ。別れ際、このクマは1週間でまたここへ来るぞ、そのとき待ってりゃ獲れらって言い残していったので、ちょうど1週間後に行ってみた。そしたら言われたとおり、新しい足跡がついていた。1時間くらいの差だったね。その足跡を追っていったらウンコがあって、まだうっすら湯気が出てるんだよ。手袋を脱いで指を入れてみたら、あったけえんさ。

これは近いと追っかけたんだけど、足が速くてなかなか追いつけず、尾根まで行ってしまったんだよ。ところが高い山には向かわず、尾根から下へおりていった。上へ行きたいと思っていたけど岩場があって、それを嫌がって沢向こうの尾根へ取り付いたんだよね。俺は沢越えるのが嫌なんで、木につかまりながらその岩を登ったんさ。銃背負いながらだからくたびれちまって、岩の上で一服したんだよ。で、向こうの尾根…180mくらい先だけど、そこのマツ林のあたりをふと見たら、黒えものがある。木のカブツ(株)かなあと目を凝らしたけど、よくわかんない。よくある抜根かなと。タバコ吸って、ふともう一回見たら、そのカブツがねえんさ。えっ?と目を凝らしたら、またカブツが見えた。座ったままライフルのスコープで確認したら動物なんだよ。当時は倍率5倍のスコープしか持ってなかったんで、はっきり大きさがわかんないんだけど、色と形からクマであるのは間違いない。

遠いけど、これは撃つしかねえべってことで、膝撃ちで体を固定して撃ってくれた。俺はそのとき50mを第1狙点にしてた。ということは第2狙点が150mになる。ちょっとだけ上を撃てば当たると思って狙った。ドシーンと引き金引いた瞬間、のたうって動くのが見えた。よし、当たったと。ところが、そいつが今度はがさがさと下りはじめたんだよ。こりゃ逃げられると、弾を込めて立ったままドシーンと撃った。それは当たんなかったので、もう一発ドシーンとぶったら(撃ったら)、当たってグワッと暴れた。ところが、横の木の陰へまわられて姿が見えなくなってしまったんだよ。

半矢(獲物が傷を追った状態)にしちまったかなと焦りながら、1発目のところへ確認しに行ってみたら血が少しあって、その先の木がかじられ折れてた。矢返しといって、弾が当たると苦しいもんだから、暴れて反射的に周りのものをかじったり叩いたりする。まずまずいいところに当たったとは読めたんだけど、それにしては血が少ない。2発目を撃ったところは血がなくて、やっぱり当たっていなかった。3発目の場所に来たら、今度は雪の上が血の海だった。おそらく1発目が当たってたんだけど、脂肪層が厚くて血が噴かなかったんだな。3発目のときに一緒にどっと流れたっていう感じだった。でも、クマの姿はねえんさ。血の付いた足跡だけが続いている。それで5mほど尾根寄りの高いところに上がって、横歩きに追いかけた。これはクマ獲りの鉄則。半矢のクマの足跡を真後ろから追っていったら、クマが隠れていた場合は一発で襲われるからね。高いところから追っかけたら、途中で足跡が上がっていくような感じになったんだよ。あれ、まだそんなに力があるんかいと思って、ふと前を見たら、でっけえクマがグワーッて立ち上がったのさ。もう、間髪入れずドシーンと撃ってくれたよ。

そのクマは途中で上へ跳び上がって、俺が下を通るのを待ってたんだよ。逃げきれねえから待ちかまえて襲っちゃうべ、と。こういうのを、クマの「止め足」っていうんさ。この習性を、俺は師匠からさんざん聞かされていた。だからちょうど目の前で出くわしたんだけど、馬鹿みたいに足跡を踏んで追っていたら、きょろきょろしているうちに上からおっかぶってこられて、やられてたな。

そのときはコースがわかっていたんで、仲間にも来てもらっていたんだ。尾根を越えて逃げたときに備えて車で回り込んで挟み撃ちにしようと。だから撃ったときも、モリちゃん、獲ったか?と無線が入ったんだけど、当たって血の海だけど、いねえんだと連絡してあった。その仲間はもう近くの尾根まで来ていて、俺が半矢のクマを追いかける様子の一部始終を見てたんだと。その話によると、クマがかかってきた場所から俺の立ち位置までは6mくらいしかなかったと。で、撃った瞬間、クマがもがきながら落ちていくのが見えたんで、その場まで駆けつけてくれた。

でかいクマだった。近くまで行ってみると、虫の息だけどまだ生きている。それで、頭狙おうとしたら、その仲間が、モリちゃん、穴だらけになっちまうぞ。トロフィー（頭蓋骨）がもったいねえって言うんさ。そんなこといっても、完全に止めないとどうしようもねえ。虫の息でも最後の力を振り絞って向かってくることがあるから、余計なことを考えないで頭を撃つ。クマの場合はこれしかない。

このときも出すのが大変だった。なにせでかいんで。あとで量ったら140kgあった。どうする。ばらして（解体して）持って帰るか？　いやあ、こんないいクマは全部持って帰んないともったいないから、なんとか出すべよって話になって、じゃあ4人呼ぼうということになった。ちょうど伐採の跡があって、途中までミニユンボが入れることがわかった。6人で沢沿いに引きずり落として、伐採跡からはミニユンボで引きずって道まで出した。はじめは吊り上げようとしたんだけど、クマが重すぎてミニユンボじゃ浮き上がっちゃうんで、ユンボのケツに縛って引きずり出した。

クマはなぜ「止め足」をするのか？

最初に来てくれた仲間もクマ獲りだから、あとで、モリちゃん、ひょっとしたらこの近くに巣穴があるんじゃねえか、と言いだした。そうかなあ、そんな太い木もなさそうだけどな、と言うと、いや、もう冬眠に入る時期だから、近くに穴があってもおかしくねえよって言うんだ。その仲間は真冬の穴グマ獲り専門で50年もやってる人だから、冬眠穴めっけるのがうまいんさ。そのときも、撃った後すぐに発見したんだよ。モリちゃん、あったあった、あそこだよって。行ってみたら炭窯だった。うんと昔に作ったもので苔むしているんだけど、中はつぶれてなくて、ちょうど人間の胴体が入るくらいの隙間があるんだよ。懐中電灯を持ってきて中をのぞいたら、周りから木の枝を折ってきていっぱい敷いて寝た跡がある。こいつは炭窯を冬眠に使おうとしてたんじゃないかということになって。

止め足といえば、クマは冬眠穴に入るときも、だますような行動をとるんだよね。下の沢に水を飲みにいくと、帰ってくるときはバックで巣穴に入る。つまり足の方向をごまかしている。俺が思うに、人間に対する警戒心じゃないのかな。人間って縄文時代から1万年以上もクマを獲ってきたわけでしょう。クマにとって唯一の天敵が人間だよね。クマに聞いてみないとわからないけど、敵をだまして身の安全を守る知恵じゃないかと思うんだ。

俺が師匠から教わったのは、クマは新月の夜、つまり闇夜に冬眠穴に入るってこと。けれど最初から閉じこもりっきりになるんじゃなく、最初は穴のそばにいて、天気のいい昼間は毛干しするらしいんだよ。俺は見たことがないし、なぜ穴に入るのが新月の夜なのか理由もわからない。山の伝承みたいなものかもしれないし、警戒心が強いから入るところを見られたくないのかもしれないな。賢い動物だけど、やっぱりクマはどっか抜けているところがある。用心深く振る舞っても、毛干しはヒバなんかの低い枝を折って寄せた座布団のようなものの上でする。藤原では「タガラ」という。タガラは必ず冬眠する穴のそばにあるから、ここに冬眠穴があるとわかってしまう。

もうひとつ、冬眠前のクマは、穴からそう遠くないところの木の枝を必ずかじるんだよ。俺がここを使っているという、ほかのクマに対する宣言だね。そういうかじった跡を「アタリ」って呼ぶんさ。マーキングだな。アタリはふだんもつけるんで、冬眠時のアタリを俺らは寝アタリって呼んでる。猟師から見ると撃ってくださいと言わんばかりの印で、寝アタリを見つけたらもう獲れたのも同然。遠くても40ｍ近辺には冬眠穴があるよ。このときの１４０kgのクマも、俺が撃たなきゃ、たぶん炭窯の中で越冬したはずなんだ。

クマの冬眠と猟

俺はあまり好きではないけれど、クマは冬眠穴を見っければ獲るのは世話ねえ。中で怒らせて、出てきたところ撃てばいいんで。すぐ目の前だから必ず当たる。冬眠しているといっても、厳密には寝てるわけじゃないんだよ。体温を下げて無駄に動かないようにしているだけ。穴に入っても、20日くらいまでは何か気に入らないことがあると出ちゃうことがある。だから寝アタリを見つけたら、しばらく仲間内でも口にチャックしておくんだ。で、ぼちぼち本冬眠に入ったところで行ってみべえってなる。本冬眠に入ったら、呼吸も少なくて動かねえんだよ。でも、寝ちゃあいない。意識はある。懐中電灯で木のうろ(空洞)の中を照らしてみるだんべ。すると、目を開けてこっち見てるんだよ。

そのまま引き金引けば簡単なことだけど、深い穴の場合は奥で死ぬと引っ張り出すのが容易でねえから、なるべく入り口の近くまで引きつけて撃つんさ。棒でつついて怒らせて。低い声で唸って、そのうち、ドドドド、ドドドドドって音がするんだよ。体を震わせてるんだな。唸り声も一段と大きくなる。おい、いよいよ出てくるぞって、銃に弾を込めて入り口で待っているわけさ。穴口がでかい場合、クマがウォーミングアップしている間に、腕くれえの太さの木を伐ってきて枝ごと突っ込んじゃうんだよ。すると野郎、外に出たくても枝がじゃまでなかなか出てこれない。クマは押し出すっていうことができないんだよ、引っ張るばっかりで。入り口で枝を引っ張っているうちに引き金を引けばいい。でも、油断は大敵だ。一回、外の様子を中からのぞいてからは動きが早えんさ。木の枝で塞がっている入り口の前に、合羽をひらひらってやると一瞬でひったくるから、あんまり近寄ると危ない。もし木を入れないで待っていたら、撃つ間もない速さで飛び出してくるよ。

誘われたら行くけど、俺は穴グマ猟よりも、穴へ入る前のクマを忍びで獲るのが好きだな。何回か穴の中を懐中電灯照らしてのぞいたけど、目え見開いて恨めしそうにこっちを見るんだぜ。はじめはうんともすんとも言わない。決まり悪げな顔しててね。そういうクマを撃つのは切ないよね。やっぱり、森の中でフェアな関係でいるときがおもしろい。俺はクマが欲しくて獲るんじゃねえんだ。俺の師匠はクマ獲りで食ってたけど、俺は仕事じゃなく趣味の狩猟を選んだ。そう決めた以上は、自分なりの美学っていうものにこだわりたいんだよ。

天候を予知するクマたち

いま話した2頭の大物は、どっちも冬眠に向かうクマだった。初雪に乗った足跡を追いかけて仕留めたものだけど、それからずっとクマの行動が気になって、移動を毎年追いかけてたんさ。それで感じたこと。あいつらは天候を予知できるね。２０１６年の場合は、12月上旬には山からクマがみんないなくなっちゃった。12月に入ってすぐ、うっすらと雪が降ったんだよ。日本が暖冬化しているっていわれだしたのは俺がクマ撃ち始めたころで、俺のイメージだと、奥利根のクマっていうのはだいたい12月20日ごろまではナラの木のある山をうろうろしてるんだよ。で、最後にヤマブドウのようなていた。

甘いものを食べてから冬眠穴へ向かう。だから、最後の忍び猟はヤマブドウの多い山ってことになっ

ところが、その年はヤマブドウも食べないで12月頭でぴたっと痕跡がなくなったんさ。足跡を見たら、みんな奥へと向かっている。しかも、でかいクマほど先に動いている気配があった。これは近いうちでっかい雪でもくるんじゃねえかと思ったら、案の定だ。早くしないと冬眠穴まで行き着けないぞっていう感じで、急いで移動したと思うんだ。足跡が一斉に奥の高いほうへ向かっていたもんだから、友達に「まもなくでっけ雪が降るぞ」って言ったら、すぐに大雪がきて、その冬の根雪になった。すげえな、クマの察知能力っていうのは。現代人は天気予報頼りで、もう自然の変化を見るような力は失ってしまったな。

気候はだんだん変わっているよね。俺が鉄砲の免許取ったころは暖冬傾向に入っていたけど、11月15日の狩猟解禁は、雪まじりの雨だったり、雪が降ったりしてまだ寒いもんだった。ところが今は、同じ11月15日に山の木にはまだ葉っぱがいっぱいついている。落葉もしていないんさ。寒くないのはいいんだけど、木の間の見通しが悪いもんだから獲物を見つけにくい。猟がやりにくくなった。県南の上野村のほうじゃ、年が明けても冬眠しないクマがいるっていう。こういうことが猟にどう影響してくるのかはわからないけれど、頭に入れておく必要はあるね。

罠猟を始めたのは世間の要請

罠はね、ずっと免許取らなかったんだよ。なぜかっていうと、俺は鉄砲で獲物を撃ちたかったんであって、罠をやりたかったわけじゃないから。鉄砲での猟と罠での猟は、同じ獣を狙うにしてもマインドが全然違うんさ。罠免許を取ったのは15年くらい前かな。なぜ取ったかというと、この水上あたりにもイノシシとかシカが出てくるようになったんだよ。いま全国的に問題になっている野生動物の増加さ。その現象が奥利根あたりにも来た。それまで、ここらの山で大物の獣といえば、クマとカモシカしかいなかったんだ。そういうところへシカとかイノシシが入ってきて増えだしたんで、クマが出る可能性が低い日は、そいつらも出てくれば撃って獲るようになった。

最初はシカだったね。ここより上の藤原へ先に出たんだ。20年前くらいかな。鉄砲の仲間が、おい、シカが獲れたぞって言うんで、まさかカモシカ撃っちまったんじゃねえだろうなって笑ってたら、まぎれもないシカだった。それまでは、日光に近い根利(ねり)というあたりにはいたんだよ。こっちにはいないもんだから、俺はわざわざ根利までシカ撃ちに行ってたくらいさ。地元の親方の巻き狩りに混ぜてもらって。そのシカが藤原まで来て、まもなく水上温泉のほうにも下りてきはじめて、それからしばらくたってイノシシも見るようなってきた。

イノシシも、それまでは県南の下仁田(しもにた)とか富岡のほうまで行かなきゃ獲れなかった。あるとき、まだ鉄砲やってた親父が、「おい盛芳、イノシシがいるぞっ」て言いだした。俺もそのころ、思い当たる節があって。通いに妙なひづめの跡がつきだしたんだよ。カモシカではないけど、何かわからない。親父に、なんでイノシシってわかるんだって聞いたら、見たっていう。そのころは、ほんとかい？っていうくらいの話だったけど、まもなく自分でも姿を見るようになった。

でも俺は、罠にはぜんぜん興味がなかったんだ。

俺が罠をやるようになったのは、自分を含めて百姓をやっている人のためだよ。今までいなかったシカ、イノシシを見るようになったら、それがいつの間にか増えて里へ下り、農作物が荒らされるようになった。自分ちの田畑を含め、住んでいる地域を守る必要が出てきたわけさ。つまり有害鳥獣駆除の一環で始めたのが罠だよ。

罠には、大きく分けると2種類ある。ひとつは餌で檻におびき寄せ、中へ入ると扉が閉まる箱罠。これはもっぱらイノシシ向きで、装置がでかいから設置するのも移動するのも面倒くさい。米糠を撒いたりして餌付けをして誘導するので、農家が駆除のためにやるには向いているけど、猟としてのおもしろみは、俺の場合、正直かなり薄い。

もうひとつは、輪っかにしたワイヤーを獣が利用する通いにかけておき、踏むと脚が締まる、くくり罠。罠は軽いし、仕掛けて待ってりゃいいので楽そうに見えるんだけど、そうでもないんだ。毎日見回りに行かなきゃだめなんさ。これが案外、面倒くさい。

たとえば田んぼや畑の近くだと、飼いネコが間違えてかかっちゃうことがある。早く外してやんないと死んじゃうだろう。それに、獣がかかったまま置いておくと危ねえんだよ。特にイノシシは力が強くて大暴れするので、罠をかけた周辺が、ブルドーザーで引っかきまわしたように土が掘り起こされてしまうほど。暴れているうちに輪がずれて、人が近づくのを怒って突進した拍子に抜けたりすると、もうこれはかなり危ない。毛を逆立ててフーフー威嚇しながら、すごい勢いで向かってくるからね。30~40kgくらいなら怖いとは思わないけど、100kg以上になると別。あれはもう化け物だから。

暴れているうちにワイヤーが切れてしまうこともある。くくり罠にはヨリ戻しをつけてあるんだけど、何かの拍子にロックしたとたん、そこから鋭角にねじれて、ブツブツって感じで切れていってしまう。暴れた時間が長ければ長いほど、そういう事故が起きやすい。だから見回りは毎日しなきゃなんないんだよ。

罠猟に潜む危険と必要なマナー

少し奥まった山だと、クマが罠に掛かったシカを食ってることもある。これも危ないんさ。横着して何日も見回りに行かないと、クマのほうが先にシカを見つけてしまうわけ。俺の知り合いの若い衆で罠もやる男が、あるときシカを掛けた。掛かったのは知ってたんだけど、いろいろやることがあって忙しかったので、そのままにしておいた。次の日、まだ生きてるだろうと行ってみたら、そのシカはもうクマに食われてたって。食われちゃったからと、今度は死骸をそのままにしてたら、クマはそれを3日間食ってたそうだ。そういう場合、クマはそのシカを自分の獲物だと思っているから、その場所に相当執着する。

その男は鉄砲もやるから、もちろんクマのそういう習性も知っていた。最終的にはそのクマを獲ったんだけど、もしそういうところへ、鉄砲を持ってない普通の人が通りかかったらどうなるか。ぞっとするよ。罠猟をやるときは、そういうことも念頭に入れておかなくちゃなんない。

クマは雑食だけど、そこに肉もあれば好んで食う。俺が初めてそれを見たのは、春の奥利根だった。雪崩に巻き込まれて雪渓に埋まっているカモシカをクマが食ってたんだよ。クマは肉を食うんだって初めて知った。自分も山の中で遭難したらこういうことになるんだと、あらためて、ぞっとしたよ。

いずれにせよ、罠猟は見回りをしないとだめ。怠るとそれだけ獲物を苦しめることになるし、クマを餌付けしてしまうようなことにもなる。1週間に1回しか見に行かないなんていうのは論外。その間に掛かったイノシシがもし逃げていたら、それはもう手負いだから、周りにとっても大迷惑になる。

一応、俺の場合、この通いではシカを獲る、こっちの通いはイノシシを獲る、そういうイメージで罠を仕掛けておくんだけど、通いはいろんな動物が共用して使っているから、実際はどっちが掛かるかはわからないな。クマは狩猟法では、くくり罠で獲ることが禁止されている動物だ。シカやイノシシのくくり罠にクマが間違って掛かってしまうことを「錯誤捕獲」って呼ぶんだけど、もし掛かってしまった場合は相当に危ない。

そういうことが起きにくいように、くくり罠の輪の直径は12cm以下にするっていうのが決まりになっている。それでも、たまにクマが間違って掛かっちゃうことがある。そういう場合は役所に通報しなくちゃなんない。たいていは俺ら猟友会が依頼を受けて処理するんだけど、錯誤捕獲のクマは危ないよ。あるとき射殺してからわかったことなんだが、指一本、しかも爪までしか輪が入ってなかったことがある。クマにとって爪はものすごく大事なパーツだからか、あるいはすごく痛いのか、本能的に守ろうとする。イノシシみたいにむやみに暴れないんさ。そのクマもそうだった。間合いを測りながら、じっとこっちを見ている。もちろん怒って、いつでも飛びついてやるという態勢さ。もし不用意に近づいてクマが急に動きだしたら、罠から外れる可能性もあった。

罠免許は狩猟免許のなかでもいちばん簡単で、罠の設置も誰でもできるけど、じつは事故の件数も多いんだよ。だいたいは掛かった動物がらみの事故。銃の免許と両方を持ってりゃ、銃で止め刺しできるから簡単だし安全だけど、罠免許だけの人は、尖った道具で突くか、棒でぶっ叩くしかない。最近は電気ショッカーもあるらしい。ワイヤーロープが木に絡んで短くなっている場合はいいんだけど、いっぱいいっぱいに伸びた状態のときは、近寄るだけでもひと苦労するよ。

鉄砲を使わずに止め刺しするときは、罠に掛かった脚の対角となる脚にロープをかけて固定してから行なうことが多いんだけど、そのときがすごく危ない。シカの場合は角で突かれたり、脚で蹴られることがある。イノシシの場合、危ないのはオスの牙。鋭いだけじゃなくナイフ状に刃がついていて、しかも首の力が半端ないほど強いから、軽くしゃくり上げられただけで切られて大ケガをするよ。罠は止め刺しが大変なんだ。罠免許だけの人は、どうしようもないくらい暴れるやつがかかったときは、俺ら鉄砲持っている人間に電話で頼んでくるよ。

俺の場合、くくり罠は踏み込んだ前脚にワイヤーの輪をかけるイメージでいる。シカもイノシシも後ろ脚の腿にいい肉がついているんだけど、罠が後ろ脚に掛かると、暴れたとき、うっ血したり筋肉が熱をもち、肉にしたときに蒸れた状態になってしまう。まずくなって腿肉の値打ちがなくなってしまうんさ。ワイヤーの輪が前脚に掛かるか後ろ脚に掛かるかは、実際は運のようなところもあるけれど、なるべく前脚で踏ませるのがトラップ・ハントの基本だ。

ひとくちに、通いといってもいろいろで、1週間に1回くらいしか通らない道もあれば、毎日のように何かしらの動物が歩いている道もある。よく使われてる道は踏み跡がしっかりしていて、真新しい足跡もあるので、そういうところに罠を仕掛ければ、理屈の上では必ず掛かる。問題は仕掛け方さ。シカもイノシシも四本脚だから、ワイヤーの輪の中に脚を入れてくれる確率も高そうに思えるだろう。けれど、実際は脚を踏み込まないまま通り過ぎてしまったり、空弾きといって、踏み込んで罠が作動したのに脚先がうまく入らないことが、すごく多いんさ。

原因はいろいろある。まずは罠があることを悟られてしまった場合だね。ワイヤーや踏み板には落ち葉や土をかけておくんだが、自然な状態できれいに隠さないと、獣がなんか変だなと警戒するんだよ。罠の金属臭や、作業時についた人間のにおいを感じとったときもそうで、そういうときは罠のあるところを避けて通っているね。だから、新品の罠はしばらく外へさらしておいて、金属光沢や錆止めオイルのにおいが消えるまで待つ。タバコを吸いながら設置作業をするのも論外だ。俺はタバコ吸いだけど、猟の最中は絶対に吸わないよ。シャンプーや石鹸も、猟期には人工香料が入ってないのを使うようにしている。

空弾きが起きる原因は、輪の位置が獣の動線、つまり脚を下ろすところに入っていないからさ。俺も最初は空弾きがよくあった。作動してもなかなか掛からねえ。それで、罠専門でやっている人のところに行っていろいろ教わってきた。罠には罠のプロがいて、コツがいろいろあるんだよ。でも、深いところまではなかなか教えてくれないね。特に家の近くの人は。だって、コツを教えちゃったら獲られるから、山全体の獲物の数が減ってしまうだろう。だから、近くでうまい人の場合は、罠をかけた場所へ行ってみて、実際の掛け方から逆に理屈を考えるようにした。こんなふうに掛けるのは、どういうわけなんだろうと、眼で盗ませてもらった。

くくり罠に必ず足を踏み込ませる方法

勉強するうちに、なぜ空弾きが起きるかがわかるようになった。輪を置く位置が合ってなかったんだね。考えてみりゃ当たり前のことだけど、四つ脚の歩き方は人間と違うんさ。人間の心理っておもしろいもので、通い、つまり獣道の幅のちょうど真ん中に輪を置きたがるんだよ。そのほうが脚を置く確率が高いだろうっていう気持ちが起こる、無意識に。でも、獣が通いを歩いている足跡をよく見ると、道のど真ん中には集まってないんさ。足跡は必ず左右に開いた状態で残っている。気持ち両端寄り。動物はファッションモデルみたいに脚を交互に真ん中へ寄せて歩いているわけじゃない。通いの真ん中に輪っかを仕掛けると、ちょうど股ぐらの間を抜けるような形になってしまうんさ。踏み板の端を踏んでるから脚がしっかり入らず、空弾きになってしまうだね。

通いの真ん中付近というのは人間の道路でいうセンターラインと同じで、そこはあんまり通らないんだよ。特に傾斜の急なところは滑りやすいから、シカもイノシシも端寄りの土がふわふわしたところにひづめを置いている。人間だって山道歩くときはそうだろう。雨の後、てかてかの場所を歩くと滑りやすいから、用心して端を行くじゃない。獣だって何度も滑ったりしてわかっているんだよ。

それに気づいてから、俺は下ってきたやつを掛けるというイメージで、斜面の下に罠を仕掛けるようにした。たとえば階段の最後の下り終わるところ、あるいは踊り場だね。しかも輪の位置は気持ち通いの端寄りに。こうしたら空弾きがうんと減って、掛かる確率もよくなった。なぜ下りに絞るかというと、下るときはてめえの体重があるもんだから、踏み板に脚が入った瞬間、なんか変だと思ってもブレーキをかけられず、そのままぐっと踏み込んでしまうんさ。平らなところに掛けると、踏み板に脚が乗りそうになった瞬間に気づいて体を止め、そっと脚を引っ込めてしまうことがある。

通いの踏み跡をよく観察すれば誰でもわかる。ひづめの跡が深く入っているのは着地して踏ん張った証拠。獣はどういうところで力を入れているかを見れば、罠をかけるべき場所も絞り込めてくるわけだよ。渓流釣りだってそうじゃない。いちいち石の下へおりたり、また石に上がるのは面倒くさいから、石から石を跳ぶだろう。石に跳び移ったら、移動にいちばん効率がよくて、次に跳び移りやすい石を必ず目で探すよね。浮き石だとこけてケガをするから、そういう要素も含めて見るだろう。

獣が斜面を下りるときもまったく同じなんだよ。やつらも、次に安心して脚が置ける場所を確認しながら歩いている。獣の気持ちになってステップを考えれば、輪っかを置くべき場所も見えてくるわけさ。

鉄砲もそうだけど、猟っていうのはすべて獣との心理戦なんだよ。シカなんかはうんと脚を大事にする。イノシシは平気だよ。ひづめがちぎれて壊死しても生きているし、罠に掛かると関節から脚がもげるまで暴れて逃げていくやつもいる。でも、シカは脚をケガしたら終わりだってことを知っている。その慎重な習性を利用すれば、特にシカは簡単に獲れる。罠で大事なことは、空弾きさせず、脚を確実にくること。なぜかというと、空弾きを経験した個体は怖がってその通いを利用しなくなるから。しょっちゅう空弾きが起きると、獣たちの移動ルートそのものが変わってしまうんさ。

今の日本は狩猟天国

２０１６年度は、俺はシカとイノシシを合わせて27頭獲った。このうち10頭くらいがくくり罠で、ほとんどはシカだった。２０１７年度は罠を休んだ。仕掛ければ獲れる自信はあるけど、獲りたいから罠を掛けてるわけじゃないんでね。一番の理由は田畑を荒らされたくないから。どうせ獲るなら鉄砲のほうがおもしろい。猟期が終わっても有害駆除なら罠は掛けられるけど、やっぱり見回りが大変。山菜採りとか、釣りとか、ほかにやりたいことができなくなってしまう。

でも、数獲りたいんなら罠がいちばん効率がいい。なぜかっていうと１人30個まで仕掛けることができるから。駆除の報奨費も稼げるんで、これからもし狩猟で食っていきたいっていう若い人がいるんなら、銃と併用するといいと思う。サルの駆除にも報奨がつくからね。今は百姓やる人にとっては最悪の時代だけど、狩猟やる若い人にはいい時代だと思うよ。俺たちが鉄砲を始めたころなんて、獲物自体がいなかったもの。今はチャンスが多い分、上達も早い。ただ、狩猟で金稼ぐっていうのは中途半端な姿勢じゃできない。まして普段は都会で働いて、週末だけ田舎で鉄砲をやりたい、というような人には無理。少なくとも、30個の罠を毎日見回れる人間でないと。

有害鳥獣駆除は誰が担うべきか？

猟友会の公的任務として位置づけられているのが、地元行政の依頼に応える形の有害鳥獣駆除だ。銃器を扱える有資格者集団。猟友会は世間からそのように見られ、たとえばクマが人里に出没すれば、体を張って射殺するのが当然のように思われている。モリさんは言う。

「俺ら猟友会の人間は、クマやサルが畑を荒らすたびに、なんとかしてくれって農家から言われる。そういう要請に応えることも、俺ら鉄砲の免許を持つ人間の役目だと思って出動しているんだけど、なんでもかんでも猟友会頼みっていうのがそもそも見当違いなんじゃないかな。有害駆除の出動には手当が出るけれど、日当というレベルには程遠くて、実質的にはボランティアなんだよ。みんなほかに仕事を持っていて、その忙しい時間を割いて駆除に出るんさ。一方、リンゴを荒らすクマを獲ってくれ、サルを追っ払ってくれという農家は、駆除によって収入が守られる。クマがリンゴを食べるときは枝を折っちゃうんで、被害はものすごく長引く。何百万円っていう大変な額になるってことは知っているから、なんとかしてくれっていう気持ちもわかるさ。けれど、その問題と猟友会の出動とは別な話だよ。俺ら鉄砲撃ちは世間のお世話係じゃないからね」

人家に近い場所でクマの錯誤捕獲があった場合、出動要請を受けても、うかつに発砲できない。発砲してよいかどうかの判断ができるのは警察だけだが、同行した警官がなかなか結論を出せないために、クマをより興奮させ、周囲を危険な状態にしてしまうことがある。

「クマが掛かっちゃったから来てくれって呼ばれたのに、一方では撃っちゃなんないって言う。じゃあ、あんたが拳銃で撃てよって言ったら、規則上、今の状況では拳銃は抜けませんなんて言う。クマが向かってきた場合は撃てますが、なんて言うんだよ。そんなことはねえんさ。拳銃を発砲すると、あとで理由書だの報告書だのを書かなくちゃなんないから、面倒くせえんだよ」

本来、自分の財産は自分で守るのが基本。畑の作物を山から下りてきた動物に食い荒らされたくなかったら、自分たちでしっかりした柵を作って守る。あるいは自分たちも狩猟免許を取って駆除する。それが筋。たとえば病害虫の発生は誰のせいでもない。防除は受益者負担が原則で、今も農家個々の責任において行なわれている。野生動物から作物を守ることも同じで、近世においては、それが難しい集落では自分たちで猟師を雇った例もある。猟友会はもともと個人が集まった趣味の会であり、会員の加入動機も、団体保険に加入できるといった実利性が主である。猟友会はあくまで親睦組織で、行政の下請けではないというのがモリさんの持論だ。

「猟友会は何もしてくれない、真剣に駆除をしてくれないっていう不満も聞くけど、それはまったくのお門違い。農家の場合、自分の敷地内でも罠を仕掛ける場合は原則的には免許や許可がいるんさ。掛かった獣がおっかないから撃ってくれって頼みならいくらでも協力するから、まずは当事者として罠猟の免許を取るくらいのやる気を見せてほしいよ。猟友会は何もしてくれないって文句言うだけで、動かないのはおかしい」

前述のように、駆除出動には手当が出る。しかし、その金額には復興税を含む税金が課せられている。猟友会支部としては受託事業だが、駆除に参加する会員個々のなかには、それは「稼ぎ」ではなく本来仕事に出ていれば得られた所得の「補償」にすぎないと考える人も少なくない。手当の額そのものに対しても不満がある。だから、実質はボランティアなのに税金まで取られることに納得がいかないという声は根強い。

一方、自治体のなかには、野生鳥獣対策の専門技術を持つ法人に駆除を委託するところが出てきた。農林水産省や環境省がシカ、イノシシの半減をめざして予算を投入したことで、これまで自然保護や環境調査、あるいは警備などに携わっていた事業者が、新たな収益分野として野生動物の個体数調整(駆除)に乗り出してきたのだ。そうした会社が腕のいいハンターを猟友会からヘッドハンティングするというケースもあり、猟友会の位置づけはますます曖昧化している。

免許取得から出猟までの手続き

どうだい。狩猟っておもしれえだろう。自分もやりたくなってきたっていう人も多いんじゃないかい。でも、実際は、そう甘くはないのが狩猟だ。なぜかっていうと、日本は銃を所持するっていうことに対して厳しい国で、役所は基本的に銃を持たせたくないという考えなんだよ。だから銃猟を始めようとする場合、ものすごくいろいろな手続きを踏まなくちゃなんない。銃刀法と火取法（火薬取締法）、そして狩猟法。銃猟はこの3つの許可を取らないとできない仕組みになっているから、それなりに覚悟がいる。今は俺たちが免許を取ったときよりも審査基準が厳しくなっているし、申請から実際に猟へ出られるようになるまでの手続きが煩雑で、その分、金も手間もかかる。ちょっと流行っているからやってみるか、みたいな軽い気持ちでやるような遊びじゃないよ。

本気で銃猟をやりたいと思ったら、まず所轄の警察の生活安全課に行って相談する。窓口で銃猟等講習会受講申請書っていう書類をくれるから、それに必要事項を記入して提出すると、初心者講習会の日程を教えてくれて、テキストもくれる。といっても、すぐに受理してくれるわけじゃないよ。申請をすると根掘り葉掘り個人的なことを聞かれ、調書のようなものをとられる。家族構成はどうなっているかとか、犯罪歴や病歴、借金はないかとか。欠格事項っていうのがあって、そもそもひとつでも該当すると銃を持つ資格がないわけさ。それを最初に調べるんだね。

必ず聞かれるのが、「あなた、なんのために銃を持ちたいんですか?」。ここで言い淀むと必ず突っ込まれる。鉄砲の資格はほかの免許とは全然性格が違っていて、警察は基本的には許可したくないんさ。過去、猟銃を使った犯罪があったよね。古いところでは金嬉老事件(昭和43［1968］年)、あさま山荘事件(昭和47［1972］年)とか。厳しく規制しないと治安が守れないということで、銃刀法を強化してきた。たとえば、あさま山荘事件がきっかけで、それまで猟に使えた22口径(5・5㎜)のライフルが使えなくなった。そういう不自由さもあるけれど、俺自身は銃審査の厳しさにあれこれ文句を言う資格はないと思っている。国が決めることだからね。

警察から人物的に問題ないだろうと判断されると、受講申請書が受理され、初心者講習が受けられる。その後の筆記試験に合格したら講習終了証明書がもらえるので、今度は教習射撃受講申請を出す。その教習許可が下りると、猟銃用火薬類等譲受許可申請などの申請書を提出する必要がある。これは教習時に使う弾を買うための手続きだ。ここで驚いちゃなんねえのは、身辺調査があるってことだ。担当官が近所や友達なんかに聞き取り調査にまわるんさ。この人は実際どんな人ですか。酒癖はどうですかとか、奥さんに暴力を振るったりはしていませんか、とか。いちばん重視されるのが過去の暴力事件だいね。警察沙汰になった場合はまず許可は下りないし、不起訴の場合でもにらまれる。この人物は大丈夫だろうと認められると許可が出るので、それを持って射撃講習会に行く。ここで基本的な銃の扱い方や標的の狙い方などを実地で教えてもらい、最後に実技試験がある。クレー射撃で25枚の皿のうち2枚に当たれば合格だ。

講習終了証明書と教習終了証明書っていうふたつの書類をもらって、やっと初めて自分の銃を買うことができる。買えるといっても、この段階では銃はまだ所持ではなく、仮押さえで、また警察へ銃砲所持許可という申請書類を持ってかなきゃなんない。このときは保管計画書っていって、ガンロッカーや装弾ロッカーの見取り図もつける必要がある。この許可が出るまでには数カ月かかる。なぜかっていうと、また身辺調査があるんだよ。本当に銃を持たせていい人物かどうか。近所の人から、あんな人に銃を持たせないでくださいと言われたら下りない。当たり前といえば当たり前だけどね。最後は家まで見にくるよ。銃や弾を保管するロッカーの位置は見取り図どおりか。そもそも銃をしっかり管理できる住宅環境かどうか。プライバシーに踏み込まれるのも嫌だけど、銃を持っている(持とうとしている)こと自体、近所に知られるのが不安だっていう人も多いよね。あそこの家には銃があるっていう噂が広がると、むしろそっちのほうが怖い。都会に住んでいるハンターからはそういう声をよく聞くね。銃砲所持許可が下りると手帳が出るので、2週間以内にその手帳と仮押さえ扱いの銃を警察まで持っていき、検査と登録を受ける。この検査は毎年受けなくちゃなんない。

狩猟者登録が済めば晴れてハンターに

そして、いよいよ狩猟免許を取りにいく。狩猟免許の試験日は1年に1回か2回しかないから、それを逃すと銃は持てても猟期に間に合わない可能性があるので、手続きは同時並行的に進めるのがいいな。狩猟免許は大きく分けると、第一種銃猟免許(猟銃＝装薬銃)、第二種銃猟免許(空気銃＝エアライフル)、罠猟免許、網猟免許の4つになっている。第一種銃猟の免許を取れば第二種の空気銃も撃つことができる。自動車の免許と同じで、教習を受けず一発試験で通ることも可能だけど、事前に猟友会なんかが行なっている講習会に出たほうが、試験の傾向や対策もあるので合格しやすいよ。試験の申請書類には、精神科医の診断書もいる。これは銃だけではなくて罠や網の免許でも必要だよ。

罠猟は、狩猟免許だけ取ればいいので猟銃の免許よりも手続きが簡単だ。ただ、さっきも言ったように、罠を掛けた以上は見回りを続ける必要があるので、本腰を入れてやれる、つまり猟場と自宅が近い人じゃないと猟を続けることは難しいだろうな。

狩猟免許の試験は、最初が学科だ。狩猟対象となる鳥獣とそうでない生き物の区別、狩猟期間や時間の決まり、猟における注意点、そういう問題が出る。学科試験に通ると視力や聴力検査、身体感覚なんかの適性検査があり、続いて実技試験が行なわれる。銃の場合は分解と組み立て、扱い方の基本、目測の距離感覚などが審査される。罠や網の場合は、違法な罠と合法な罠の判断とか、道具の組み立てなどを規定時間のなかで行なう。

晴れて狩猟免許もそろった。でも、まだ猟に行けるわけではないんだよな。鉄砲やろうと思ったら、猟をしたい都道府県で狩猟者登録というものをしないとなんないんさ。罠も網も同じ。狩猟は娯楽と位置づけられているので、税金がかかるんだよ。狩猟税は各都道府県が課しているんで、居住する県で猟をするなら最寄りの出先機関…農政事務所なんかに行って、登録手続きをする。いつもは群馬県で猟をしている俺が、たとえば北海道に猟へ行きたいと思えば、北海道にも税金を払って狩猟者登録を受けなくちゃなんない。そういう決まりになっている。

鉄砲撃つまでには、だいたい以上のような手続きがかかる。かなり面倒くさいことだけど、日本ではそういう高いハードルを設けて銃を管理してきたのさ。その厳しい審査のなかで、狩猟者は有資格者としてふさわしい人柄や知識・技術をもっていると認められたということだから、うんと胸を張っていいんだよ。もちろん、その分、肩にかかってくる責任も重いわけだけどね。

〔銃砲所持許可までの流れ〕

猟銃等講習会受講申請

↓　審査あり

猟銃等講習会初心者講習

↓

教習射撃受講申請

↓　射撃教習資格調査(身辺調査)

猟銃用火薬類等譲受許可申請等

↓

射撃教習

所持予定銃砲仮押さえ

↓

所持許可申請

↓　所持資格調査(身辺調査)

銃砲検査

〔狩猟免許と猟具〕

○第一種銃猟免許：装薬銃
(ライフル銃、散弾銃)、
空気銃

○第二種銃猟免許：空気銃

○罠猟免許：くくり罠、箱罠、箱落とし、囲い罠

○網猟免許：無双網、張り網、突き網、投げ網

〔銃猟用語集〕

空気銃　空気やガスの圧力で弾丸を発射する銃。圧縮・噴射の機構の違いにより、スプリング式、ポンプ式、プリチャージ式、圧縮ガス銃などがある。

口径　散弾銃では番で表示される。1ポンドの鉛球を発射できる内径の散弾銃を1番と表示。日本で一般的な12番(内径18.5㎜)、20番(内径16㎜)はそれぞれ12分の1ポンド、20分の1ポンドの意。日本では12番を超える大口径の散弾銃は使用禁止。

サボット銃　大物猟用のハーフライフル(銃身内の螺旋が半分以下のもの)。銅弾をプラスチックで覆った専用の弾を使う。回転により命中精度はよいが、力はライフルより弱い。ライフル所持の10年規定に含まれないので銃経験が浅くても使える。

散弾銃　鳥用に使う粒状の複数の散弾から、大型動物用の一発弾(スラッグ弾)まで使い分けのできる近射用の銃。

射程距離　その弾丸が最も遠くまで飛ぶときの到達射程距離と、狙いの獲物に対して充分な殺傷力を発揮する最大有効射程距離とがある。

シリンダー　銃口付近の絞りがない銃。スラッグ弾を撃つときに使う(スラッグ銃身)。

装薬銃　火薬が瞬間的に燃焼するときに発生したガスの圧力で弾丸を発射する銃の総称。散弾銃とライフル銃に大別される。散弾銃は銃身の本数や実包を装填する構造の違いにより、水平二連銃、上下二連銃、自動装填銃、スライド式銃、ボルト式銃、アンダーレバー式銃、元折式単発銃などがある。

照準(を合わせる)　視線と銃口を標的に合わせること。銃身手前の切り欠き(照門)と銃口上部の突起(照星)が重なり合う先に標的を一致させる。スコープ(照準器)を使う方法に対しオープンサイトと呼ばれる。

ゼロイン　ゼロイング。銃弾は空気抵抗、重力の抵抗などで降下するため、視線で定めた目標物と実際の着弾点に誤差が生じる。弾道が放物線を描くように撃つと、弾道の頂点をはさんだ前後2カ所に、視線の目標と弾道が一致するクロスポイントが生まれる。その距離に合わせて照準を調整する作業がゼロイン。

チョーク　銃口付近の絞り。鳥を撃つとき、散弾の広がりをなるべく抑え遠くまで届くようにした銃。

マスターアイ　獲物に照準を合わせるときに使う利き目のこと。調べ方は次のとおり。両眼の中心に目標物を置いて目をつむる。左右片側ずつあけて見たとき、両眼で見たときと同じ見え方をしたほうがマスターアイ。

ライフル銃　銃身内に螺旋の溝を切った遠射用の銃。弾が回転しながら飛ぶためコマのような安定性があり、飛距離、命中精度が高い。大物猟用。装薬銃歴が10年を超えないと所持できない。

狩猟解禁

狩猟期間は都道府県や対象鳥獣によって異なることもあるが、一般的には11月15日から2月15日まで。この時期は木々の葉が落ち獲物を確認しやすく猟の安全性も高いこと、獲物に脂がのって美味であること、気温が低く獲物の肉が傷みにくいなどの利点がある。モリさんは、解禁から数日は仲間と親睦的な巻き狩りを楽しみ、その後は単独の忍び猟(写真)に切り替える。狙いはもっぱらクマ。シカ、イノシシが急増して容易に獲れるようになってきた近年も、クマとの駆け引きにこだわる。

銃の呼称

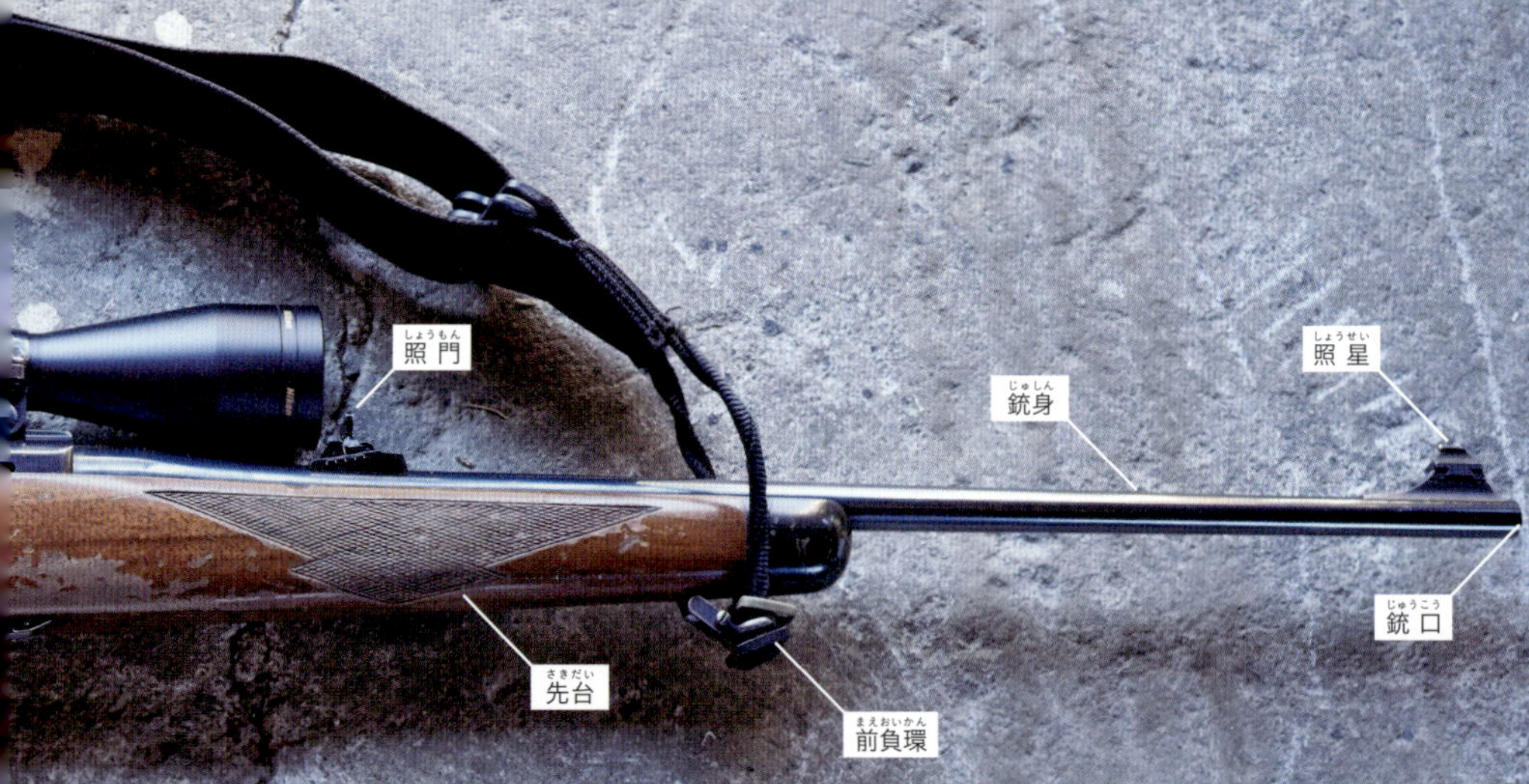

照門

銃身

照星

銃口

先台

前負環

銃による狩猟は、銃砲刀剣類所持等取締法(銃刀法)、火薬類取締法(火取法)、鳥獣の保護および狩猟の適正化に関する法律(狩猟法)の下で所持と使用が認められる。火薬を使用しない空気銃(第二種銃猟免許)は取得・手続きが比較的簡単だが、装薬銃(第一種銃猟免許)は所持許可までに多くの審査がある。装薬銃の免許取得から10年経つとライフル銃(写真)の所持が認められる。狙った獲物を銃で仕留めるにはさまざまな技術要因があり、練習を重ねつつ現場での経験値を高めていくしかない。

負革
スコープ
ボルト(遊底)
銃床
引き金
弾倉
用心金
握り(グリップ)
後負環

実包(弾)

写真はライフルの実包。先端の尖った部分が弾頭で、真鍮の胴部に火薬が入っている。獲物に当たるとマッシュルーム状につぶれダメージを増幅する。ベテランになると自分の銃の個性に合わせて弾頭や火薬量を調整する（ハンドリローディング）。散弾銃用の実包は円筒状のプラスチック薬きょうにセットされている。安全のため、実包は必要のないときには銃から抜き取っておくことがルール。

スタイル

出猟の際は、誤射事故防止のためにオレンジ色など視認性の高い色の帽子と上着を着用することがマナーになっている。迷彩服はほかのハンターから見えにくく非常に危険。靴はスパイク付きの長靴が泥濘地でも滑りにくくてよい。ズボンは動きやすい伸縮性のあるものを。歩いているときは汗をかくが、獲物を待っているときは体が冷えるので、吸湿性と放湿性に優れた機能性下着がよい。

銃の構え

射撃の基本は、マスターアイ（利き目）で照準を合わせること。モリさんはマスターアイが左目なので、銃床の右側から頬づけをして照星・照門（あるいはスコープ）をのぞく。そのため右手で先台を支え、左手の指を引き金にかけるスタイルになる。銃の構えは利き手に関係なく、マスターアイに規定される。

クマひと筋

「クマを獲って一人前」という気風の土地でありながら、昭和後期のクマ撃ちたちは後継者を育てようという意識がなかった。唯一、弟子入りを許してくれた林正三師匠の下でクマ猟を徹底的に学ぶ。独り立ちして30余年、知識と技術が合致した今が猟師としての円熟期だ。

解禁前夜

11月15日の狩猟解禁日は、親しい仲間と巻き狩りを行なうのが恒例だ。前夜に集まり、役割分担や攻め方を手描きの地図を前に確認する。「猟師の祭りみたいなもん」とはいえ、グループ猟は単独猟より危険度が高い。打ち合わせ最後には「安全第一でいきましょう」と締める。

2014年の解禁日の巻き狩りの成果。4頭のクマが獲れた。1日でこんなに獲れることはさすがに珍しいが、自然が深い奥利根周辺ならでは。

クマが冬眠に入る真冬は、イノシシやシカを獲る。どちらも20年前は奥利根で見ることのなかった大型獣だが、近年は自宅近くにも出没。

命を奪った以上は責任をもって食べる。これが自然への礼儀。「肉を粗末に扱うハンターは、猟のやり方も道具の扱いも雑。人間性が出るよ」。

解体

巻き狩り

勢子

勢子とタツメに分かれて持ち場につく。勢子は数百メートルおきに横へ広がり、互いに声をあげながらタツメが待っているほうへ獲物を静かに追い立てる。網を絞り込むような陣形が理想なので地形の把握が重要になる。

タツメ(射手)

山の中には獣が必ず通る道(通い)がいくつもある。そんななかから、通る確率が高いと判断した道の近くにタツメを配置する。勢子を嫌がって移動を始めた獲物がその道をたどってきたら、タツメは充分に引きつけておいて撃つ。

罠猟の基本も通い（獣道）の見切りにある。写真はシカ、イノシシ用の括り罠。どこを通るかだけでなく、通いのなかのどこに足を下ろすかを読まないと、くくり罠は空弾き状態になって逃げられてしまう。倒木などの手前は、獣はまたごうとして一度足を下ろすので、狙い目。

くくり罠には規定がある。ワイヤーの直径が4㎜未満のもの、ヨリ戻しがついていないもの、輪の直径12㎝を超えるものは禁止されている。一度に設置できる罠の数は30まで。設置の際は、周囲の見やすいところに証票をつけなければならない。

写真は四角い踏み込み板の外周にワイヤーを固定するタイプ。獣が板を踏むとワイヤーの輪が外れ、押しバネが作動して脚に入った輪を締めつける。設置後は枯れ葉などをかけて罠の金属光沢が見えないようにする。気配をさとられないように、なるべく自然にカモフラージュ。

クマの気配

糞

有力な手がかりだ。太さや量からは獲物の大きさが、色や乾き具合からは通過した時間がわかる。そして最も重要な情報が餌の種類。この個体はドングリ類のほかに、林縁部に野生化しているカキの実を食べていた。

クマに特徴的な行動で、今なお謎が多いのが針葉樹の表皮を剥いで中の甘皮を食べる「皮剝ぎ」。写真は尾根に生えていたアカマツで、傷跡にクマの毛がからみついていた。こうした痕跡からも行動が類推できる。

皮剝ぎ

足跡も見切りの際の有力な情報だ。大きさからは体長が、進む方向や体重のかけ方からは、クマがめざそうとしている場所やそのときの心理がわかる。写真はモリさんの手と比べたクマの足の痕跡。推定120kg。

足跡

クマ、ならまた湖を泳ぐ

クマは遊泳力もかなりある動物だ。写真は2017年秋にモリさんがならまた湖で遭遇し、ボートの上から撮影したクマ。最近、海を泳いで島に渡ったクマの例（ヒグマを含む）も相次いで報告されている。

〈特別対談〉

素顔のツキノワグマ

クマ研究者 山﨑晃司×クマ猟師 高柳盛芳

進行 かくま つとむ

高柳　山﨑さん、今日は遠いところわざわざお越しいただき、ありがとうございます。

山﨑　こちらこそ。モリさんに会える日をずっと楽しみにしていました。じつは今日、日光から直接ここ水上へ来ました。私はずっとクマの生態を研究していて、学術捕獲の許可を取ったドラム缶式の罠を研究拠点の森に仕掛けています。昨夜、学生から、クマが罠に2頭入ったという電話があったので、朝から日光へ向かってクマに麻酔を打ち、カメラ付き首輪を取り付けてきたんですよ。

高柳　クマの自撮りカメラですか（笑）。

山﨑　そんな感じですね。レンズは口元をずっと映しているので、何を食べているのかがわかります。

高柳　今（6月上旬）はクマの野郎ら、何食ってんのかねえ。ちょうど端境期で餌がないはずなんだよね。タムシバの花も木の芽も終わっちゃったし、ウワミズザクラだとかミズキの実にも早い。

山﨑　そうなんですよ。だから痩せています。さすがモリさん、よくご存じです。

高柳　これからはクルミの若い実を食べるんだよね。よくあんなえぐいもん食うなと思うんだけど。いま少しすると、アリ塚を掘

やまざき・こうじ　1961年、東京都生まれ。東京農工大学農学部一般教育部研究生修了。ザンビア国立公園生態調査官、東京都高尾自然科学博物館学芸員、茨城県自然博物館首席学芸員を経て、2015年より東京農業大学地域環境科学部森林総合科学科教授。専門は動物生態学・保全生態学。東京・奥多摩山地、栃木・日光足尾山地を中心にツキノワグマの研究を続けている。著書に『ツキノワグマ　すぐそこにいる野生動物』（東京大学出版会）など。趣味は狩猟と釣り。

りはじめますね。朽ちた木をべりべりに壊して、舐めるように食べた跡が見られるようになる。地蜂…クロスズメバチも食うね。あれは地面の下に巣を作るから。

山﨑　モリさんがこれまで語ってこられた山の話を読んで、そのとおりだなと思ったのは、餌だけじゃなく、クロキ（黒木）…つまり落葉の時期でも身を隠すことのできる常緑樹がところどころにあることが大事だということです。野生動物の生息で重要なのは、食と住がセットでそろっていることなんですね。

高柳　クマの場合は冬眠する場所も大事ですね。高い山で半日以上日が当たる南斜面、それも風の吹き込まない、尾根から少し下がった小尾根。黒布(くろふ)（クロキと同義・常緑樹の黒い葉陰）も適当に生えている、そういうところの穴があいた木や岩穴を使っているよね。

山﨑　人間と同じですね。気持ちがよくて楽できるところを好みます。そういうところを探せば動物はいるということを、狩猟をする人たちは昔からよく知っていましたね。モリさんが前に書いていた話によると、岩穴に冬眠するクマは、冷たいから木の枝を敷くって書いてありますね。

高柳　穴の中に引っ張り込んでいます。で、穴の周りをよく見ると木をくじいた（折った）跡がある。

山﨑　やるクマとやらないクマがいませんか？

高柳　ほかの地域のクマのことはわかんないけど、奥利根の場合、岩穴へ入ったクマはたいてい枝葉を敷き込んでいますね。

山﨑　私の研究フィールドの奥多摩や日光の場合は、まるで刈り払ってきたようにススキとかヒノキの枝をたくさん引き込む個体もいれば、本当にいい加減なところで雑に寝ている個体もいます。

高柳　俺の猟仲間にクマの穴をめっけるのが得意な男がいて。誰も知らない穴をいくつもめっけてるんだけど、そのひとつが古い鉱山の深い坑道だったんですよ。いろんな穴を利用しますね。

――クマは冬眠するとき、必ず穴へ入るものなのですか？

山﨑　GPS首輪で動きを追うと、どこで冬眠をしているかピンスポットでわかるんですが、お尻を穴から出して雪かぶって寝ているやつもいますよ。穴が浅くて全身潜り込めないので尻が外に出ているんです。上が折れて枯れたモミの木の根元に入っていた個体の例では、雨や雪が吹き込んできても気にせずに寝ていました。子どものいるメスグマはもう少しいいところを利用しているんですが、単独のクマのなかには、横着というか、そういう環境でも平気で寝るものがいます。

冬眠中でも穴を変えて引っ越す

――そもそもクマが冬眠する理由は何なのでしょう。

山﨑　雪が積もると餌が採れませんし、あれだけ大きな体を維持できる餌の量がありませんから、体力を消耗させせないように穴の中にこもるんですね。体温は、シマリスやヤマネほど大きくは下がらないんですが、低下します。心拍数も落ちますし、代謝を下げ、飲み食いもしないし排泄もしない。生理的には冬眠なんですよ。ただ、クマの冬眠の場合の特徴は、すぐに覚醒できることです。

高柳　さっき言った坑道に入っていたクマもそうなんだが、意外に反応が早いんだよね。そのクマは仲間が撃ち損ねたんだけど、穴が横に深いんで、手負いのまま奥へ潜られてしまった。怖くて入れないっていうんで、数日後に俺が犬を連れて見にいったら、少し離れたケヤキの木の穴へ移動していました。

山﨑　私も深い穴に何回か入っているんですが、入った瞬間、威嚇してきますよね。

高柳　そうそう。形相ものすごい。ちょっと大きい穴だと、地べたとか壁をどどって叩く。

山﨑　怖くて顔を見る余裕もないです。人間の場合は1カ月も寝ていたら筋肉が衰えて立てませんが、クマはすぐに起きられる。それって、じつはすごいことなんです。ですから、宇宙飛行士の筋肉を衰えさせずにすむ方法をクマの冬眠メカニズムから研究している人もいました。クマは冬眠中も筋肉を減らさないように、脂肪を筋肉に変えているんです。アメリカクロクマの研究では、冬眠前より冬眠明けのほうが、わずかながら筋肉量が増えていたという報告もあります。

高柳　尻を出したまま冬眠しているクマの話を聞いて、へえって思ったんだけど、クマは穴さえあればなんでも利用するっていうわけでもないんだよね。大きな木の穴はクマの冬眠穴のなかでもかなり上等だと思うんだけど、不思議とブナの穴は使わないんですよ。俺が思うに、ブナは木自体の水分が多くていつも冷たいからじゃないかな。冬場に素手で触ってみるとわかりますが、ミズナラやトチはブナほど冷たく感じない。ブナに入っているクマは、俺はいっぺんも見たことないです。あと、斜面のヒノキが根元から曲がってまた立ち上がっている、そういう根穴の下を掘って入っていますね。

寝るところはオスとメスとでも違いますね。オスはさっき言った高い山の日当たりのいい穴に入る傾向があるけど、メスは産まれた子どもにミルク飲ませるために栄養つけなきゃなんないからか、餌が遅くまで採れる場所、つまり山の低いところにいたい。それも中へ水が入んないところ。春にシガ

（ツララ）が解けて水が垂れてくるようなところは、途中で穴を変えちゃうことがある。

山﨑　私たちの調査でも、一度入った穴から引っ越す個体は確認されていて、理由は不明ですが唐突に5㎞くらい先の穴に移動していることがあります。坑道で仕留め損ねたクマが別の穴に逃げ込んでいたという話ですが、身の危険を感じたり居心地が悪いと穴を変えるのかもしれません。

ツキノワグマが大陸側から日本列島に入ってきたのは50〜30万年前と考えられています。氷期で海水面が下がり、大陸と日本列島が地続きになった。そのとき、今の朝鮮半島付近から対馬、九州や中国地方を経て北上したようです。冬眠穴について考えるとき意識しておかなければならないのは、当時の植生です。ツキノワグマが渡ってきたばかりのころ、日本列島にはブナやミズナラのような落葉広葉樹がそんなにないんですよ。

ツキノワグマは確かに木の穴が好きです。できることなら樹洞で冬眠したいと思っているんじゃないでしょうか。けれど、樹洞がなければ生きられない生き物というわけでもない。実際、今はクマが入れるほどの穴がある大木は少ないですし、モリさんがおっしゃったような根上がり穴とか崩壊地にできた木の根と土の隙間、古い炭焼き窯なんかも利用します。場合によってはお尻を出して雪をかぶったままでも冬眠に入ることができるたくましさは、氷期の名残なんじゃないかと思います。

ドングリと木の芽が生きる糧

——近年はさらなる温暖化、つまり人間活動の影響が関与した気候変動が進んでいます。クマにはどう影響していくのでしょうか。

山﨑　温暖化がずっと続くとすれば、食べ物を取り巻く環境が変わる可能性があります。仮に植生が常緑広葉樹に変わると、落葉広葉樹に依存してきた日本のツキノワグマには不利になります。台湾のツキノワグマは冬眠しないんですよ。子どもを持つクマだけは巣穴のようなところに一時期入るんですが。もし日本が台湾のような環境になるとクマの行動そのものが変わるかもしれません。つまり冬眠しないクマの登場です。落葉広葉樹が重要なのは、秋にドングリがたくさん実るということだけではないんですね。常緑広葉樹の場合はゆるゆると葉っぱが更新しますが、落葉広葉樹は春のフラッシュといって一斉に芽吹きます。この期間は2週間ほどしかありませんが、若い葉っぱはタンパク質の含有量が多く、一方でクマが消化できない繊維質は少ないので、冬眠明けのクマにとっては非常に重要な餌資源なんです。

高柳　そうそう。春はよくブナの木にたかって芽吹いた葉っぱを食ってるよね。

山﨑　それと花ですね。最初にモリさんがおっしゃったタムシバの花とか。常緑広葉樹のシイやカシもドングリが実ります。紀伊半島のクマなどは多少それらも利用していますが、秋にもっぱら食べているのは落葉広葉樹のドングリ。温暖な地域でもクマのメイン の活動場所は落葉広葉樹林で、そこに執着するのは、冬眠明けに大量に食べることのできる新葉のフラッシュがあるからです。

交尾の時期とオスによる子殺しの真相

高柳 それはそうと、今はクマの交尾期じゃないですか。

山﨑 そうです。これからですね。

高柳 クマは交尾しても受精卵がすぐには着床しないって聞いたことがあるんですが、本当ですか？

山﨑 詳しいですね。そのとおりで、今はまだ着床していません。どうやって着床しないようにしているのかはわかっていないのですが、着床しなければ胚が発達しないので受精卵の状態のままです。

高柳 ということは、子どもを産むだけの体力…つまり秋の木の実をたくさん食べて脂肪がたまるのを待っているっていうことですかね。

山﨑 受精卵が着床する時期は12月くらいですので、おそらくそういうことだと思います。冬眠前にどの程度体脂肪を蓄積できたかによって、子どもを産んで育てるか、産まずに母体の生存だけを図るかという生理的判断がメスの体の中でされるのだと思います。メスの栄養状態というのは、繁殖に非常に大きな影響を与えますから。

高柳 そこでひとつ聞きたいんですけど、11月に鉄砲が解禁になるでしょう。そのころから12月の冬眠前までずっとメスを追っかけているオスがいるんですよ。

山﨑 交尾ができなかった、あるいはうまく授精しなかったメスは、交尾期以外も排卵するんですよ。つまり発情する。クマのメスはマルチパタニティーといって、1頭が複数のオスの受精卵を持っていることもあります。そのあたりのメカニズムもまだよくわかっていないんですが、動物園のクマで調べると6月、7月の交尾期だけでなく8月から9月にも排卵しています。ホルモンの動きを見ていくと、いわゆる交尾期といわれている初夏以外でも、理論上は受精が可能なんです。

高柳 なるほどね。受精してなきゃずっと発情するから、それでオスが追っかけるんかもな。なんで交尾期でもないこの時期にオスがメスを追うんだろうって不思議に思っていたんですよ。メスの小さい足跡の上に、でっかいオスの足跡が乗っているんだよね。俺の師匠の将軍爺は、これはオスがメスを欲しくて追ってるんだって言っていたんだけど、本なんか読むとクマの交尾期は5~6月ってことになっているじゃないですか。ずっと腑に落ちなかったんですよ。

山﨑 私たちも直接調査しているわけではありませんが、夏以降も発情しているメスはいるかもしれません。そのメスが単独かどうかでもオスの反応が違うんですけど、メスは子どもを連れていると交尾を受け入れません。クマの育児期間は長く、母子は1年半から2年ほど一緒に過ごすので、出産は普通2年に1回です。メスに子どもがいるかぎりオスは交尾ができませんから、その機会をつくるために母子にまとわりついて子どもを殺すことがあります。そういう理由でメスを追いかけている可能性もあると思います。

——NHKの番組で放送された日光足尾山地のツキノワグマの子殺し映像は、山﨑さんが追跡調査している個体でしたね。

山﨑 撮影したのは横田博さんという写真家ですが、個体は私たちがGPS首輪を取り付けて観察していたメスでした。オスグマによる子殺しが映像で記録された最初の例です。

高柳　自分の子じゃないし、お乳飲んでいる子どもがいるうちはメスが発情しないから、そういうことをするわけだな。

マーキングツリーの不思議

山﨑　モリさんが以前から思っていたという、秋交尾の可能性はありうることです。なぜかというと、受精卵を12月になってから着床させ、冬眠中に未熟児の状態で産むというのがクマの繁殖パターン。だったら秋に交尾をしても問題がない。クマの交尾期というのは、あんがい初夏に限らないのかもしれません。ただし、秋はドングリを飽食しなければならない大事な時期なので、その兼ね合いもありますが…。その話に少し関連する映像がパソコンに入っているので見てください。

　ここは私が調査に通っているロシアのシホテアリンという世界自然遺産地域です。デルスウザーラの舞台となった場所と言えばわかりやすいかもしれません。ここにカメラを仕掛けて調査をしているんですが、マーキングツリーといって、クマが背こすりをする木があるんです。その木の前にカメラを設置しておくと、クマだけでなくほかの動物もやってきます。たとえばアムールトラ。スプレーといって、次々と木におしっこをかけていきます。

高柳　においづけですか？

山﨑　そうです。ネコもしますよね。この木を覚えておいてください。最初、トラが2頭来ておしっこをかけていきましたね。その後、今度は300kgくらいのヒグマが来て背こすりをします。

高柳　なんで同じ木に寄ってくるんですか？

山﨑　仲間だけでなく、ほかの種類の動物のことも気になるんですよ。ヒグマは背中に皮膚腺があって、そこから出る分泌物で木ににおいづけします。その行動が背こすりです。このあと見てもらうと、今度はツキノワグマが同じ木で背こすりを始めます。

高柳　本当だ。なんだか間抜けなかっこうだね。立ち上がって踊っているみてえだ(笑)。

山﨑　ツキノワグマも、やっぱり背中から出るにおいをこすりつけているんです。すると、今度はまたトラが現われてスプレーしていきます。この映像には映っていませんが、オオヤマネコも現われますし、イノシシも体を木にこすっていきます。大きな体をした動物たちが同所的にいて、互いに自分の存在を主張し合っている。牽制的な意味の情報交換をしているわけですね。

高柳　この前に罠掛けりゃ一発だな(笑)。こういう木は日本にもあるんでしょうね。

山﨑　日本のツキノワグマも背こすりをします。たぶんですが、このヒグマのように発情期に皮膚腺の分泌物が増え、においを木につける。モリさんがおっしゃったように初夏以降にも発情するとすれば、その時期にオスの背こすり行動が確認できるはずなんですよ。もうひとつ、メスの血中の性ホルモンを測る方法があります。これを調べれば発情しているかどうかがわかりますが、問題は、9月を過ぎると蜂蜜には寄ってこないんですね。罠に誘引できないので、いちばん調べたい時期の血液サンプルがなかなか手に入らないんですよ。

高柳　そうなんだよね。あれだけ蜂蜜が大好きなクマが、ちっとも見向きもしなくなる。このへんではリンゴの畑にクマがつくんですよ。駆除しようと思って罠にリンゴを使っても入んない。どこにでもリンゴがなっている時期からね。じゃあ蜂蜜がいいだろうと使っても秋に入ると効かないですね。以前、リンゴ農家から駆除要請があったときは、仕方がないから巻き狩りで捕りました。

山﨑　蜂蜜に誘引されなくなる理由は、山の食べ物の環境が劇的に変わるからでしょうね。糖単体ではなく、炭水化物や脂質を含んだ食べ物、つまり栄養価が高く摂餌効率がよりよいドングリが食べられるようになるから。たくさん実りますからね。クマは、いま何を食べるのがいちばん賢明かということがわかっていて、味覚のスイッチを切り替えるのだと考えています。

春以降の活動も左右する皮下脂肪

高柳　さっき、クマの子どもは未熟児みてえな状態で生まれるっておっしゃいましたけど、ほんと、最初はネズミの子みてえだよね。それが3カ月もするともう犬っころみたいになっちゃう。きっとミルクの濃さがすごいんだろうね。

山﨑　冬眠中に小さく産んで濃いミルクで春までに大きく育てるというのは、クマのとった戦略なんですね。子宮の中で大きく育てるときと、ミルクで育てるときでは母体の栄養の出どころが違っていて、ミルクの場合は体に蓄えた脂肪を使います。冬眠中は食べながら育てることができないので、未熟児状態で産んで濃いミルクで育てるほうが、母グマの負担が少ないという研究結果があります。

――クマのミルクはそんなに濃いんですか？

山﨑　私、飲んだことがあるんですよ。麻酔で捕まえたおっぱいの大きなクマから搾ってみたことがあるんですが、乳脂肪がすごく濃い。

高柳　皮下脂肪がものすごいからね。ナラなんかが豊作の年は親指と人さし指を広げた幅くらい真っ白い脂がついているんだけど、たとえば有害駆除で捕った春のクマの腹を裂くと、すっかり脂がなくなっているからね。

――冬眠明けのクマは、花や木の芽以外に何を食べるんですか？

高柳　フキノトウとか、もう少し遅くなるとネマガリダケの筍だよね。ときどき雪崩に巻き込まれたカモシカの死骸なんかも食っているけど、大して栄養のないものばかりだよね。

山﨑　海外のツキノワグマの仲間と日本のツキノワグマとではパターンが違うんですが、日本のクマの餌のメインはドングリで、秋に蓄えた脂肪を翌年冬眠明けまで使うといわれてきました。でも、冬眠が明けても再び脂肪を蓄えられるほど栄養のある食べ物って、春にはないんですよ。だから体重がぜんぜん増えていかない。クマの体の中に心拍を測る装置を入れると、冬眠明けから徐々に心拍が高まるんですが、7〜8月になると下がってきます。つまり動くことをあきらめているんです。春から夏にかけての食べ物は、モリさんがおっしゃったように栄養価の少ないものばかり。子どものいるメスは食べなきゃいけないので動き回ります。前年の秋に充分なドングリを食べられなくなった個体も体脂肪が底を尽きかけているので動くしかない。成熟したオスも発情メスを追いかけるため動きます。ここからはまだ仮説ですが、何もしなくていいクマ…前年の秋に体重が1・5倍近くなるまでドングリを食べ、脂肪の蓄えに余裕のある個体はじっとしているんです。動いたときのエネルギー収支と、動かないことで節約できるエネルギーを天秤にかけると、じっとしているほうが得だと判断しているのだと考えています。つまり夏眠のようなものです。そのかわり9月中旬ぐらいになると、クリやドングリはまだ青いんですが、がつがつと食べはじめます。

高柳　なるほど、青いうちから木にたかって食っているのはそういうことですか。

山﨑　生理状態…ホルモンの質もこの時期を境に変わります。先ほどの心拍装置で見ると、春から夏は朝と晩にがんばって動くくらいなんですが、秋になると夜明け前から日没後までフラットに活動している。つまり、食べまくっていることがわかります。

高柳　クマは消化力があまりよくないですね。ドングリを食っても未消化なままウンコになってしまうんで、どんどん食べなきゃ栄養がたまんないんだろうね。

山﨑　そうですね。クマの糞は、イノシシが食べてもまだ充分に栄養になるくらいですから。

日本のツキノワグマの現状

――山﨑さんの仕事は、クマという動物の科学的なデータを集め、それを基に人間がどう自然と折り合いをつけていくかという現実的な道筋を示すことだと思いますが、クマが抱える問題と、イノシシやシカの問題は基本的には同じですか？　それとも違いがありますか？

山﨑　同じ場合もあるし、違う場合もあります。まず知っておいていただきたいのが、現在日本にいるクマの個体数です。国が発表している数字は計算式を使った推定数なのですが、1万数千頭から3万頭といわれています。本州と四国を合わせての数です。

高柳　へえ、もうそんくらいしかいないんかい。少ないね～。

山﨑　少ないんですよ。どんなに多く見積もっても、きっと10万頭はいない。シカの推定頭数は本州以南で300万頭、北海道に50万頭くらいいて、イノシシは本州以南で100万頭くらいですから、桁がぜんぜん違いますし、問題の質もかなり違うんです。

――種の保全と狩猟対象としての利用のバランス、そこに駆除が絡んでくるわけですね。クマの駆除の特異性は、農業被害だけでなく人的被害を予防するための捕殺の部分でしょうか。

高柳　俺たち猟師は、クマもそうだけど、シカもイノシシも絶滅してもらっちゃ困るんだよね。大型動物がまったくいなくなったら猟をする人もいなくなる。問題はその後さ。どういうことが起こるかわかんないよね。自然の仕組みっていうのはそう単純じゃないから。作家の遠藤ケイさんが書いていた本の中に、「山のものは半分殺してちょうどいい」っていう、山の諺みてえな言葉があるんですよ。俺はそのとおりだと思うんです。木も動物も間引かなきゃ増える一方。まさに今の獣害が示していることだいね。山の木は半分伐るくらいでちょうどいい。動物も半分くらい殺したって問題はない。それが人間と自然のもともとの関係なんですよ。

山﨑　いろいろな見方があるとは思いますが、今まさに環境省と農水省が進めているのが、シカとイノシシの生息数を半減させる計画です。それくらいの数まで抑えれば農林業の被害もそれほどは大きくなくなるし、生態系のバランスを損なうことにもならないだろうと出された数字です。10年プロジェクトで、目標期限まであと何年もないんですが、実際は半減させるのもなかなか難しい状況にあります。目標数に対し、まず現場の担い手が少なすぎます。クマに対してはそういう一斉目標は立てていません。もともと個体数が多い動物ではなく、地域ごとに生息数も事情も違うので一元的な施策をとりにくいという現実があります。

狩猟はすばらしい文化です。じつは私ももっぱらシカ猟ですが、狩猟者でして。人間社会と動物の折り合いのためには間引きはやむなしです。ただ、保全生態学者の立場からひとこと言わせてもらえれば、もともといる動物を絶滅させてよい理由はどこにもないですね。クマは食物連鎖の頂点にいる動物です。最近はアンブレラ種とも呼ばれます。アンブレラというのは傘のことです。クマは山に食べ物が実らない年は数十キロメートルも移動します。生存にそれくらいの面積を必要とする大型動物が生きられれば、小動物も庇護されます。雨から身を守る傘のような存在がクマという意味ですが、現状はその傘があちこち破れている状態なんですよ。

高柳　山親父っていうくらいだから、クマは自然界の大黒柱みてえな存在なんだよな、きっと。

山﨑　私は今の駆除のあり方に対して強い危機感をもっています。毛皮の質もよくない、脂もないクマをただ排除するために殺すより、冬毛に変わり肉の味も魅力的になる狩猟シーズンにハンティングで獲ってもらうほうが、クマの個体数コントロールの方法として合理的だと思うんです。

高柳　そうです。夏の駆除は、俺ら猟師から見ると罰当たりです。

山﨑　同じ数を捕るにしても利用できる捕り方のほうがいいはずなんです。ただ、モリさんのようにクマを銃で獲ることは非常に高度な技術と経験が必要だし、今は人材がいないですね。

高柳　俺が若いころは猟友会の水上支部の会員数は85人くらいで、このうちクマ獲りをやる人が30人くらいいたものだけど、今現在、会員は28人しかいない。このなかでクマ獲れる者は6人くらい。若い衆もいることはいるけど、クマはおっかないって言うんさね。今はイノシシとかシカが簡単に獲れるんで敬遠される。誘っても、「えー、クマですか、遠慮しときます」なんて言われちゃう(笑)。

世界のクマたちの今

クマの仲間は北半球を中心に分布していて、パンダを含めて8種類います。南半球にいるのは南米のメガネグマです。分布域がいちばん広いのはヒグマで、北米大陸とユーラシア大陸の高緯度帯にいます。陸上の食肉類で最大の生き物であるホッキョクグマは、もともと分布域が狭く数が少ないうえ、地球温暖化で極地の生息環境が急速に変わり、危機的な状況に直面しています。最も数が多いのは、おそらくアメリカクロクマで、数十万頭の水準です。ツキノワグマの分布域は、西はイラン・パキスタンで、東が日本列島や朝鮮半島、台湾です。しかし、ほとんどの地域で分布域が狭くなったり島状に孤立しています。

国としてツキノワグマの数がいちばん残っているのは中国か日本ですが、中国はもともと料理に使う掌や漢方薬の熊胆のため、捕獲圧の高い地域でもあります。中国の現在の状況は調べている研究者がいないのでわからないのですが、生息密度でいえば日本がいちばん高いはずです。韓国のツキノワグマは遺伝的問題からも健全な回復の見込みが難しい推定個体数まで減ったため、中国やロシアから遺伝的に近い系群の個体を入れました。智異山国立公園に今は60〜70頭ほどのツキノワグマがいて、第二世代も生まれています。韓国ではこのプロジェクトを「補強」という呼び方をしています。ただ、その後、もともとの韓国産ツキノワグマの遺伝的情報をもった個体(第二世代)が確認されていないので、実際は「再導入」と呼んだほうが適切なのかもしれません。

(山﨑晃司)

九州は絶滅。四国の推定頭数は約20頭

──ところで今、クマという動物は法律ではどう位置付けられているんですか？

山﨑　２０１４年の鳥獣保護法改正以降、それまでの鳥獣保護事業計画という呼び名を鳥獣保護管理事業計画に改め、対象となる生きものを第一種と第二種に分類するようになりました。わかりやすくいうと、数が著しく減っていたり、生息域が狭まっているため保護しないと絶滅する心配がある動物を第一種特定鳥獣、数が大きく増えたり生息域が広がっていることからコントロールの必要な動物を第二種特定鳥獣というふうに分けたのです。

高柳　その動物を一種にするか二種にするかは誰が決めるんですか？

山﨑　基本的には都道府県が決めます。シカ、イノシシの場合は全国的に第二種特定鳥獣に位置付けられていますが、クマは判断が難しい。もともと個体数がそう多い動物ではないし、生息地は奥山で、個体群が山系ごとに分かれています。見ないところでは見ないけれど、いるところにはまだいる。そういう大型動物です。クマは危険動物でもあり、人的な被害が起きると、件数自体は少なくても地域社会に大きな心理的影響を与えます。保護管理計画ではそういう側面も加味しなければなりません。クマを第一種特定鳥獣に定めるか、それとも第二種特定鳥獣にするかは、各都道府県がそれぞれ実情に合わせて判断しています。モリさんが住んでいるこの群馬県の場合、クマは第二種特定鳥獣の扱いで狩猟対象にもなっています。

高柳　クマを禁猟にしているところも多いですよね。

山﨑　主に西日本です。九州のクマは2012年に環境省から絶滅宣言が出されています。もともとクマが少ないエリアで、80年代に大分県でオスの成獣がイノシシ猟中に撃ち獲られましたが、のちの遺伝子解析調査で、その個体は本州中部以東のDNAタイプ、つまり持ち込まれたものだということがわかりました。私が3年間調査をしたかぎりだと、ほかに棲息の痕跡は見つかりませんでした。四国のクマは絶滅寸前。剣山系のごく狭い範囲に30頭に満たない頭数がいるだけで、際どい状況にあります。より厳密な調査では、確実にいるといえる数はせいぜい20頭。いずれにしても地域個体群としていつ絶滅してもおかしくない数です。ヒグマの場合の試算ですが、100年後の集団の存続を95%の確率で保証するには、最低でも100頭の個体が必要だといわれています。

兵庫県は2年前から試験的にクマの狩猟を解禁にしました。紀伊半島の和歌山・三重・奈良は禁猟です。そういう自治体でも管理捕獲は実施しているので、実質的にはクマを捕っています。管理捕獲は、方法としては昔から行なわれている有害捕獲に近いものですが、対症療法的な措置ではなく、5年間の予測的な計画に基づいて行なわれています。

――殺す場合もあるのですか。

山﨑　殺すこともありますし、非致死的な処置、たとえば麻酔をかけて山の奥に運んで放すようなこともします。2014年の鳥獣保護法改正のいちばんの目的は、全国的に増えているシカ、イノシシをどう減らしていくかということですが、野生動物の管理と保護を規定する法律ですからクマも組み込まれています。ただ、クマの場合は増えてきているといっても生息状況がモザイク的で、場合によっては守らなければならないし、場合によっては間引きが必要になる。そこが難しいところです。

高柳　水上周辺だと、さっきも言ったようにリンゴの被害が大きいんだよね。食われるリンゴの数は知れているんですよ。でも、食べるときには枝を引き寄せながらバキバキに折っちゃう。枝を折られた木は数年は回復できないから、農家からしたら大問題なんです。

〝シンナー遊び〟をするクマ

山﨑　クマの被害は、歴史的に見ると林業被害が多かったんです。主な被害は皮剝ぎです。クマは針葉樹の皮を剝いで、外皮と内皮の境のところを剝がしてかじる習性があります。いまだ完全には解明されていない行動で、いくつかの仮説があります。ひとつは針葉樹の精油に含まれているモノテルペンという芳香性化合物をクマが本能的に好むという説。ヒノキの精油を使った行動観察では、異常なほどにおいに執着し、最後は腰が抜けたような…つまり酩酊したような状態になったという報告があります。クマは有機溶剤にも嗜好性を示します。ペンキを塗ったばかりの山の標識がかじられたり、私が奥多摩での調査中に遭遇した例では、建築業者の廃材置き場のペンキ缶を開けて中の塗料を食べたケースがあります。皮剝ぎを含むこうした行動を〝クマのシンナー遊び〟と呼ぶ研究者もいます。

高柳　このへんでも、山でペンキ塗りをした塗装屋がぶっちゃって(捨てて)いったラッカーの缶が全部クマに舐められたってことがありました。下塗りの塗料には手をつけてないのに、シンナーを使った上塗り塗料だけ舐めるんです。そのうちに顔から胸が真っ青なクマがめっかった(笑)。缶の中身を舐めるっていえば、有害駆除の罠をかけたとき、蜂蜜が一斗缶に少し残っていたんですよ。罠をかけた人間が持って帰るのを忘れちゃったんだけど、その缶をかぶってふらふらしているクマが出たんです。舐めているうち、蜜を出すために開けた切り口に頭が入って抜けなくなった(笑)。

山﨑 同じようなケースが日光でもありましたね。口の丸い一斗缶に頭がすっぽり入ったクマが、数日間、戦場ヶ原を歩き回りました。飲めない、食べられない状態で弱っていて、最終的には猟友会が撃ったんですけど、引っ張っても缶が抜けないのでそのまま研究用に引き取りました。金バサミで缶を切ってみると、瞳が白内障のように真っ白になっていました。失明状態だったと思います。缶の中の液体の影響だと思うんですが、何を入れてあった缶だったかはわかりませんでした。

高柳 なんであんなもんがいいのかねえ。

山﨑 皮剝ぎ行動は針葉樹のモノテルペンが引き金ではないかと言いましたが、もうひとつの説は〝腹の足し〟です。春から夏は樹皮内側の糖度が少し上がるんです。皮剝ぎの多い年はウワミズザクラなどの液果が少ないという報告もあり、甘皮を食べて空腹をしのいでいるのではないかという見方です。

高柳 水上でもスギ・ヒノキがかなり剝がされています。鉄砲持って山へ入ると、尾根のマツの木の皮なんかも剝いでかじった跡がありますね。

山﨑 先ほど四国のクマは絶滅寸前であると言いましたが、そうした状況に追い込まれた原因が、じつはこの皮剝ぎ行動なんです。四国では、戦前から戦後にかけてクマによる皮剝ぎの被害が顕在化し、報奨金付きの駆除が各地で行なわれるようになりました。1970年代に入ると、四国と紀伊半島ではクマによる皮剝ぎ被害は沈静化しますが、これは強力に推進された有害捕獲の成果なんですよ。四国や紀伊半島の個体群が一気に減ったのは駆除によるものだろうと私は考えています。モリさんもよくご存じのように、クマというのは銃で獲ろうとするとかなり難しい動物ですが、先ほども話題になったように、罠を使えば簡単に捕れてしまう。

高柳　蜂蜜大好きなプーさんだからな(笑)。でも、そんなこと続けたらクマがいなくなってしまう。鉄檻に入ったやつなんかは、かじって歯がぼろぼろに欠けちゃって、爪もだめになっちゃっているから、その状態で生きろっておっ放してもかわいそうなんだよな。

山﨑　檻式の罠に入って暴れると、自分の犬歯がぱきぱき折れるほどすごい力で鉄格子を噛みますね。私たちが学術捕獲に使う罠はそういう問題が起きにくいドラム缶型ですが、とにかく目の前にあるものに噛みつこうとするので、興奮を少しでも鎮める意味で、枯れ木を切って罠の中へ入れ、それをかじらせたりします。歯がひどく折れた個体でも、案外生きているものなのですが。

高柳　でも、歯が欠けちゃっているとやっぱり不自由だろうね。

山﨑　クマの場合、罠を猟具として許可していないのは正しい判断だと思います。今後も問題となるのは、イノシシやシカの罠にクマが掛かる錯誤捕獲です。くくり罠の場合、ワイヤー直径が12㎝以内という規定がありますが、順守していても掛かっちゃうんですね。

高柳　カモシカも相当な数が錯誤捕獲で罠に掛かっていますよ。このへんはシカ、イノシシの駆除許可が一年中出ているからね。カモシカが罠に掛かっちゃったからなんとかしてくれって電話があるだんべ。行くと、たいていはもう弱ってるんさ。放したって死んじゃう。カモシカってそういう獣なんです。掛かったまま死んでいたらまたやっかいで、特別天然記念物だから教育委員会、役場、それに警察にも連絡しなくちゃなんない。面倒くせえっぺ。それで山の中へこっそりぶっちゃっちゃう者もいる。そのせいか最近はこのあたりではカモシカを見なくなった。錯誤捕獲のせいだと俺は思うね。

――群馬県の場合、年間どれくらいのクマを捕っているんですか？

高柳　狩猟ではそれほどではないよね。駆除のほうが圧倒的に多い。

山﨑　関東では群馬県がいちばん捕っていると思います。利根沼田地域の駆除数はそれほどでもないんですが、みどり市とか桐生市のような林業地域では、クマ剝ぎ対策としてけっこうな数が捕られています。クマの駆除については地域によって濃淡がありますが、政治家の声が反映されたりもします。

高柳　ところで、九州じゃ昔からクマが少なかったっていうのは、なんか理由があるんですか？

山﨑　山が浅いのだと思います。阿蘇の草千里のような草原は、1000年にもわたって人が手を入れているんですよね。森林化しないよう野焼きをして管理していました。噴火活動も活発で、もともと大型野生動物であるクマの生息に適した森林がそれほど多くはなかったんじゃないかと考えています。1800〜1900年代にかけての土地利用図を見ると、いたるところ荒れ地やはげ山だらけ。放牧やカヤを集めるための草地だったり、焼き畑だったり。草や木を何年も続けて焼いた場所で見られる、黒ボク土という炭化物からなる土壌も広範囲に見られます。宮崎県の椎葉村ではまだ焼き畑をやっていますね。ああいう暮らしが九州中で営まれていた。

じつは、昔の日本というのは今のわれわれが思っているほど自然豊かではなかったんです。中国地方では砂鉄を採ったり、それを精錬する膨大な炭のために常に木を伐っていたので、クマが隠れて人里まで下りてこられる環境ではありませんでした。栃木の日光足尾山地も同じです。特に明治から戦前の昭和にかけて、日本の山々は利用過剰な状態ではげ山だらけですよ。クマの繁殖もおのずと制限され獣害問題は浮上してこなかった。むしろ絶滅が心配だった。シカも同様です。状況が大きく変わったのは、山村の高齢過疎化や開発の終焉で緑のボリュームが増してきたこの四半世紀です。

クマは縄張りをもたない

高柳　山﨑さんも仕事柄、けっこう危ない目に遭っているんじゃないですか?

山﨑　私たちの場合は仕方がないです。クマが嫌がる距離まで無理やり近づいていくので。たいがい、むこうが先に逃げるのでこちらへ向かってくることはまれですが、調査のときは銃を持っていかないので怖いですよ。クマが向かってくる場合というのは出合い頭が多いですね。ただしクマの個体にもよります。ある程度離れていても突っかかってくるのもいます。でも、それもたいていはブラフチャージ(威嚇攻撃)で、直前まで走ってきて急に引き下がるか、左右にそれて逃げてくれる。

高柳　奥利根の下の綱子っていう集落で、有害駆除のドラム缶罠にクマが入ったんです。そいつを麻酔で眠らせて、いろいろ数値を測ってからまたドラム缶罠へ入れ、奈良俣ダムの奥へ車で運んでいったんですよ。奥山放獣です。何が起こるかわからねえから銃を持ってきてくれって頼まれて、立ち会った。そのクマは麻酔が切れはじめると、ふーっ、ふーって怒りだしてね。役場の担当が、「大丈夫ですよ」なんて言いながらドラム缶罠を軽トラックから下ろし、荷台の上からふたを開けたら、逃げていくどころか向かってきた。俺は助手席にいたけど、放したクマを撃つわけにはいかねえっぺ。環境省の人も来てるんだからさ。クマは今度何するかと思ったら、役場の車にドーンと体当たりをくらわして逃げてった。公用車のボディがべっこりへこむくらいの力だったよ。

そいつは、3日たったらまた同じところへ戻ってきた。なぜわかるかというと、耳にタグが付いていたんです。またクマが出たぞっていうんで蜂蜜を入れて罠を掛けたら、入ったんだよ。見たら同じクマだってことで、みんな驚いた。10km以上奥へ運んでいっても、3日もたてば帰ってきちゃう。それで奥山放獣はあんまり意味がないんだってことがわかったね。奈良俣には縄張りをもった強いクマがすでにいるから、きっと追い出されちゃうんだろうなんて話していたんだけどね。

山﨑　GPS首輪で追ってみると、クマって厳密には縄張りがないんですよ。個体同士の行動圏に排他性はないとされています。つまり、ほかのクマに対してわりと寛容なんです。

高柳　へえ、そうなんかい。テリトリーっていうのはないんだ。そういえば…4年前だけど、1回の巻き狩りでクマを4頭捕ったことがあります。それは全部同じところにいたんだよ。俺はタツメ(射手)だったんだけど、まだ勢子が追う前に1頭出てきたから撃った。そしたら、そのうち、どかん、どかんって音がして。無線から「獲ったよ、クマだ」「こっちもクマだ」なんて声が聞こえてきた。獲った、獲ったって、おめえら勢子だんべやって言ったら、まだいますよって。そのうち、もう1頭行きましたなんて連絡が入って。そしたら下でタツメを張っていた若い衆が獲った。そこからわずか5kmくらいの山に入ったグループは、その日9頭獲った。めったにはないけど、そういう年もありました。

山﨑　私の研究フィールドの日光足尾山地では、250平方メートルほどの林に、親子3頭と単独の個体4頭、計7頭がグミの実を食べに集まっていたことがあります。クマは縄張りをもたないと言いましたが、強い個体と弱い個体の差は明らかにあります。同じ木に登って実を食べようとすれば強いほうが弱いほうを追い出すかもしれません。子連れのメスにとって、オスにつきまとわれるのはストレスだと思いますし、オス同士の場合は、弱い個体にとって強い個体のいる場所はあまり居心地がよくないというのは確かだと思います。よその奥山放獣のケースを見ても、だいたいは元へ戻ってきますね。

捕獲個体それぞれから血液を採って、親子だとか、おばあさんだとかいうふうに類縁関係を調べる研究もしています。傾向としては、血縁関係のほうが相手に対する許容度は高いです。だいたいお母さんがいた場所のちょっと離れた場所に娘が行く。さらにちょっと離れたところに次に生まれた娘が行く。母系はだいたい同じエリアに暮らします。秋、食べ物の少ないときだけこうした距離性が一時解消されるのですが、また元に戻ります。息子はけっこう遠くまで離れ、日光で生まれた個体が20㎞も30㎞も離れた尾瀬の片品とか沼田のほうに行っています。オスが遠くへ散るのは、近親交配を防ぐメカニズムなのかもしれません。秋、餌が少ない年はメスも行動圏を広げます。通常、オスが200平方キロメートルくらい動くとしたら、メスは50平方キロメートルですが、餌がないときはオス並みに移動します。それくらい動いてやっと命を繋いでいる。さまざまなデータから、クマにとっていかに秋の餌、つまりドングリの実る環境が重要であるかがあらためて浮かび上がってきました。

――山の幸の実りがよくない年は行動圏が広がる。ここに人間との軋轢の原因がありそうですね。

山﨑　クマは必死に生きているだけなんです。昔は広範囲に移動しても人間に遭遇することはまれでしたが、今は少し標高の低いところへ下ればどこも人間の生活圏です。リンゴがあったり、カキの木があったり、トウモロコシがあったり。誘惑は多いけれど、手をつけたが最後、命を狙われます。ばったり人に出合い、護身のために手を出せば、追い詰められて問答無用で射殺されてしまう。

高柳　オスは30㎞くらい移動するとおっしゃいましたが、俺はもっと動いていると思いますよ。これは以前に水上で獲れたクマの話なんですが、福島県のタグが付いてました。福島で1回捕まえられて放獣された個体だった。おそらく尾瀬を越えてきてるんだよね。福島のどこのクマかははっきりとはわからないけれど、相当な距離を歩いてきているのは確かです。

山﨑　不思議なことに、クマが動くときのルートはみんな一緒なんですよ。まるで道を知っているように同じところを歩いています。クマは子育て期間が長く、1歳半か2歳まで共に暮らします。2年の間に木の実のなりが悪い秋があれば、お母さんは遠くまで行きますから子どもも遠くへ行くことを習います。もし食べ物が充分なら、そう遠くまで行っていないはずです。しかし、木の実の豊作年に育った個体の場合も、独り立ちして餌の少ない秋に直面すると、目的地の存在をすでに知っているかのように遠くまで移動し、また同じルートを経て戻ってくるんですよ。不思議です。

クマとの正しい付き合い方

――山や渓流でクマに遭遇したときは、どうすればよいでしょう。

山﨑　学生たちには、クマがいることに気がついたら立ち止まり、相手の目をじっと見る。そして目をそらさずに少しずつ後ずさりする。走って逃げない。子連れの場合は特に気をつけるようにと教えていますが、絶対的な対策はありません。問題は、向こうもこちらも直前まで接近に気がつかない出合い頭の遭遇です。クマが人を襲うほとんどのケースは驚いたときで、身を守るためとっさに襲いかかる。日本のツキノワグマは、世界のクマの仲間のなかでも臆病というか神経質で、怖がりだからこそ攻撃してくるんですよ。いちばん効果があるのは、今のところトウガラシ成分入りのスプレーです。

――いわゆるクマよけスプレーですね。

山﨑　ただ、携行していれば安心というわけでもありません。私の知り合いのクマの研究者仲間は、クマの錯誤捕獲があると、ボランティアで現場まで外しにいきます。麻酔銃を持っていますので。クマの出没が多い地域の研究者は、ひとりで1シーズンに200~300頭放します。イノシシ、シカの多いところは罠の数も多いので、それくらい錯誤捕獲が発生するんですね。ある研究者は3年ほど前、処置中にクマの脚からワイヤーが外れ、襲われて70針くらい縫う大ケガをしました。ところが昨年、また処置中に襲われ、1カ月ほど入院しました。障害が残るレベルの大ケガでした。

その人の話だと、スプレーは持っていたのだけど、たまたまいつもと違うホルダーに入れていて取り出すのが間に合わなかったそうです。倒されたままめちゃくちゃに攻撃され、もうだめかもしれないと思ったら、あきらめたのかクマが遠くに離れていった。ああ、九死に一生を得たと遠ざかるクマをちらっと見た瞬間に目が合い、クマがまた飛びかかってきて噛みつきはじめた。あれほど怖いことはなかったそうです。

高柳　相手がクマだと研究者も命がけですね。

山﨑　通常の遭遇なら、自分にとって問題のない相手だとわかった段階で執拗には攻撃しないはずなんですが、銃で手負いになったり、罠で捕獲された経験のあるクマの場合はまた別です。

高柳　俺はかじられたことはないけれど、怖い目には遭っています。マイタケ採りに行ったときだね。9月の20日ごろ、奥利根の奈良沢で。ウェッ、ウェッてへんな声がするんですよ。なんだんべなとそうっと首伸ばしたら、クマの子が親といた。その瞬間、親が俺をめっけて。ぐわっと立ち上がってから、がんがん追っかけてきた。鉄砲持ってないからとにかく斜面を上へ向かって走りました。腰に剣鉈はさげていたけど、勝てる気なんてしねえ。ひとまず、ひと抱えほどある石を頭の上にあげて、クマが目の前へ来たらぶつけてくれべえと構えた。体中の毛が逆立ったね。クマは唸りながら立ったんだけど、子どもが後ろでウェッって鳴いたもんだから、俺と子どもを見比べて子どものほうへ行った。それで子どもをぺろぺろって舐めて離れていった。よかったさ。でもまた来るかもしれねえと思って、しばらく石を持ち上げてたよ。もうあんな重い石はとてもじゃないけど持ち上げらんない。火事場の馬鹿力だね。

山﨑　学生には、こちらからクマの領域に踏み込んでいくリスクを踏まえて冷静に対処しろとは言っていますが、自分を思い返しても、とっさの場合には適切な行動はできないものです。以前、冬眠穴に入っているクマを吹き矢で麻酔しようと思って、急斜面を登ったんです。根上がりのところに入っているクマで、体が少し見えた。吹き矢を使うときは5mくらいまで近寄る必要があるんですが、うまく刺さらなかったんです。その瞬間、クマの黒い毛並みが道路を歩く黒い毛虫のようにもこもこって動いて、顔が出た。目が合った瞬間、こっちへ飛んできたんです。

私は吹き矢しか持っていないので逃げるしかなくて。一応、バックアップにもうひとり研究者がついていて、何かあったらスプレーを噴射するという手筈になっていたんですが、気がついたら彼も一緒に走っていた(笑)。しかも逃げ足が遅いので私が逃げられない。クマのほうが上にいて、ちょうど互いの目の高さで。もう斜面を飛ぶしかないと思ったほど接近してきたとき、相棒がやっとわれに返ってスプレーを噴射した。ところが、クマとの距離が近すぎて私もたっぷりトウガラシ成分を浴びまして。クマはそのまま斜面を落ちていきましたが、私はその場にへたり込みました。息はできない、目は見えない。とにかく苦しい。しばらくは失神状態で。山の中なので水がなく、ペットボトルのお茶でとにかく目を洗い、1時間ほどしてやっと目があけられるようになりました。でも、体中にスプレーを浴びているので汗腺を通じて辛い成分が肌に入ってきて、あちこちがひりひりと痛むんです。

高柳 駆除のドラム缶罠に入ったクマを奥山放獣するとき、スプレーをかけたことがあるんですよ。お仕置きというか、クマに恐怖心を与えておけばもう近寄らないだろうと。そのとき、役場の担当者がかけすぎたんだよね。1本まるまる吹きつけちゃった。そのクマ、扉を開けたときは死んでましたよ。あの辛み成分っていうのは、それくらい強力なんだよね。

山﨑 ですから、人間も使うときは注意しないと危ないです。可能なかぎり練習をしておいたほうがいいと思います。ノズルの向きだけでなく、風向きによっては自分にかかってしまうので。

——ところで、お仕置き放獣は効果があるのですか?

山﨑 いろんな検証はされています。兵庫などでの研究では、同じ悪さは繰り返しにくくなるという傾向が出ています。つまり学習効果はある。ただ、先ほどモリさんがおっしゃったように同じ場所には戻ってきてしまいます。オスかメスかでも違うんですが、土地に対する執着性が高いんでしょうね。

オスの場合はあまり生まれた土地の近くに残らないんですが、独り立ちして自分が確立した土地の場合はそれなりに執着があるのだと思います。

――山﨑さんが今いちばん憂いていることはなんでしょうか。

山﨑　2016年に秋田県鹿角市でクマによる人身事故がありましたね。5~6月の3週間ほどの間に、タケノコ採りなどのために山へ入った人たちが次々とクマに襲われ、4人が死亡。しかも亡くなった方は体の一部がクマに食べられていた。かつてないこととしてセンセーショナルに報道され、社会に大きな影響を与えたというか、クマの印象がかなり悪化しました。じつは2件目以降の事故は、広報を含めた対応をきちんとしていれば起こらなかった可能性が高いんですよ。

あれ以来、せっかくうまく行きはじめていたクマの管理が何年分も元に戻ってしまった感じです。秋田県では、人身事故の起きた年と翌17年の2年間に1200頭のクマを管理捕獲しているんですよ。そのとき秋田県が出していた棲息推定頭数が1000頭です。その数を上回るクマを捕ってしまったということで問題になり、その後、推定頭数は修正され2000頭くらいになっていますが、当時はクマが出たという情報があるとすぐに罠を仕掛ける状況が続きました。

4人亡くなった次の年には、同じ秋田県の玉川温泉の近くでタケノコを採っていた女性が1人、襲われて亡くなっています。鹿角の事故は畑の近くでしたが、玉川温泉の場合は本当に山の中なんですよ。それでも罠を仕掛けて捕殺した。気持ちもわかりますが、そこは人間のメインの生活圏ではなく、もともとクマの棲息領域なんです。世論に忖度して冷静な対処を怠ると、クマという動物についての正しい情報がいつまでも伝わらず、共存の道筋が断たれてしまいます。それが心配です。

高柳　昔の藤原の猟師は、クマは殺してもウジみたいに湧いてくるって言ったんですよ。そこで獲っていなくなっても、またどこかから来るって。滝壺でイワナを釣っても、またそのうちでっかいのが上って入っているっていうのと同じ意味さね。クマなんかいくら獲ったっていいんだって。ただ、それは昔の人の自然のイメージであって、さすがに今の俺らはそうは思わない。さっき言った遠藤ケイさんの本の言葉も、裏返せば、殺していいのは半分までっていうことでしょう。

山﨑　狩猟で獲るくらいならそう大きな影響はないんですよ。問題は有害駆除の捕獲です。年間の捕獲頭数を見ると、1960年代とか70年代は狩猟で獲っている数のほうが多いんですよ。今はそれが逆転してしまって、有害駆除が8としたら狩猟での捕獲は2とか、そういう比率なんです。クマが有害であるという根拠も変わりつつあります。昔だと植林業被害でしたが、鹿角の事故以来、クマが近くに存在していること自体を認めがたいという、潜在的な不安が駆除を後押ししているように思います。クマは大事な生き物だというけれど、事故があったら誰が責任をとるのかという圧力ですね。そう言われたら行政は答えられないし、予防的に捕殺するという選択をしますよ。

高柳　クマをどれくらいおっかないと感じるかは人それぞれだと思うけど、昔っから山に棲んでいる動物なんだから、生き続ける権利はあるんだよ。絶やしちゃだめなんさ。ニホンオオカミのことを思い出せばよくわかるよね。絶滅させたあげく、今になってこんなにシカが増えちまった。クマだっていなくなったら何が起こるかわかんないさ。しっぺ返しは必ず来ますね。

（対談＝2018年6月6〜7日　高柳宅にて）

2章　刃物の本質

自然のなかへ分け入るときに欠かすことのできないナイフ。今の日本には膨大な種類のアウトドア用ナイフがある。大の刃物通でもあるモリさんが、選び方と手入れの基本を指南。

おもしろい遊びには刃物が不可欠

川でも山でも、遊ぶときは刃物を持ってねえとおもしれえことはできないよ。俺はガキのころから刃物をよく使ったし、この道具が大好きだったな。というか、刃物は尊敬の対象。今もそうさ。刃物に限らず、道具を粗末に扱っている人を見ると、もっと大事に使ってやれよと言いたくなる。

昔、雪が積もったときのいちばんの楽しみはウサギ獲りだった。針金の輪っかをウサギの足跡がある通り道に仕掛けておくんさ。ウサギが首を突っ込むと輪が締まるようになっているんだけど、その輪をちょうどいい高さに立てるのに、切った木の枝がいる。ウサギが掛かって暴れると雪に刺し込んであった木の枝は抜けるんだが、ウサギは驚くとボサ(ヤブ)の中へ飛び込んで隠れようとする習性があるんで、少し足跡を追っていくとすぐわかる。針金を縛ってある枝がボサへT字型に引っかかって、ウサギを止めてくれるんだよ。暴れても、ボサがクッションになるんで針金が切れない。

その枝を切るのに、お爺が大切にしていた鉈をこっそり持ち出して使ってたんだけど、「おめえ、俺の鉈を使っただろう」って怒られて。わかっちまうんだよな。使い方が悪いから刃がこぼれていて。「だって、俺の鉈がねえんだもの」と言ったら、お爺は黙って俺用に鉈を一丁買ってきてくれた。小学6年生のときだ。うれしかったね。そしてその鉈は神々しかった。

まだ自分じゃ刃を研げなくて、お爺がときどき面倒見てくれた。そのたびに見違えるような切れ味に戻るのが感動的で、見よう見まねで、水道の横にいつも置いてあった砥石で研いでみた。そうしたらお爺に、「おんなじところばかり使ったら砥石がへこんで使えなくなるじゃねえか」ってまた怒られて。それでもお爺は、こうやって研ぐもんだって、俺にやり方を教えてくれたよ。昔はそんなふうに刃物のイロハを覚えていったんだよ。

次にはまったのがナイフ作りだった。当時、ボーイスカウトが流行ってたんだけど、俺んちは貧乏だから、そんなハイカラなもんには入れてもらえないわけ。そんなもんは金持ちの家の子がすることだって。ボーイスカウトって、子どもにとってはカッコよかったよねえ。おそろいの制服に登山ナイフ持って。実際、入っているのはみんないい家の連中。遠足のときに、そろえてもらったナイフを得意げに持ってくるんだよね。俺も欲しくなってお爺にせがんだら、「馬鹿野郎、おめえには鉈を買ってやったじゃねえか。外でものを切るときには、なんだって鉈がいちばんいいんだ」って、聞いてくんない。

鉈じゃカッコ悪いんで、自分で作ることにした。どうしたかっていうと、鋸の目立てに使い終わったヤスリを研げばナイフになるっつう話を大人連中から聞いたわけさ。ヤスリは鋼の鋸刃を削るものだから、鉄のなかでは相当に硬い。硬いけれど衝撃には弱くて、へんな力をかけるとすぐ欠けちゃう。それをいっぺん火にくべてゆっくり冷ますと、ほんの少しだけ粘りが出る。端をペンチで折り欠いていくと、ナイフの形にできるんだよ。それを河原の石の上で研いで、形を整えていく。きれいな形になったらもう一回火の中に入れ、赤くなったところで水に浸ける。それをまた軽く火で焙ると硬さと粘りのバランスがとれた、ちょうどいいあんばいの硬さになるんだっていう。そんな話を聞いて、やってみたんだ。当時、うちの風呂は薪で焚いていたから、おふくろに「今日は俺が風呂焚きをするよ」なんて殊勝なことを言ってさ。

最初のころは割れちまって失敗したんだけど、線路に落ちているコークス(注1)を燃やして赤めるといいとか、水じゃなくお湯に浸けるのがいいっていうような知恵を仕入れて、何度かやり直してみた。そしたら、偶然だろうけどうまいことといった。それを砥石でピカピカに磨き上げ、桑の木を削って柄にして、口金には水道用の真鍮のバルブをはめ込んだ。ところが、ケースがねえ。そしたら蔵の中に親父が鉄道員だった時代に使っていた革の鞄があったんだよ。切って縫い合わせたら、カッコいいシースナイフ(鞘付きのナイフ)になった。

次の遠足にそれを持っていったら、英雄扱いだったね。どうだい、おめえらのより切れるぞってボーイスカウトへ入っている連中に自慢したら、登山ナイフよりカッコいいってみんな褒めてくれた。調子に乗って学校へも持っていったんだけど、先生に取り上げられちまって。ボーイスカウトのナイフは持ってきても怒られないのに、なんで俺のナイフはだめなんだって文句言ったんだけど、返してはくれなかった。それだけ鋭かったんだろうな。

中学時代には、このナイフを使って水中銃作りにも凝った。ゴムで発射してアユなんかを突く漁具だけど、グリップを本物の銃のように削るのがおもしろくってさ。材はミズナラ。硬くてガキの力じゃうんと削りにくいんだが、重さと艶があって、本物の銃床みてえな雰囲気になる。模様も本格的に彫り込んでね。貧乏で遊びにかけるお金はないから、とにかくなんでも自分でこしらえるしかなかった時代だよ。刃物の扱い方はごく自然に覚えてきたっていう感じだな。

「いちばんいいナイフ」なんて存在しない

そんなわけで刃物は今も大好きで、自分で金が稼げるようになってからは、これは使ってみたいという鉈やナイフがあったときは無理してでも買うようにしてきた。鍛冶屋やナイフ作家に注文して作ってもらったものもいっぱいあるよ。俺はブランドみてえなことはよくわからねえんだが、刃物を使うということに関しては、かなりうるさいほうだと思っている。

刃物といえば、いつも人から聞かれて返事に困る質問があるな。「高柳さん、山に入るときはどんなナイフを持っていくのがいちばんいいですか?」っていうやつだ。ひとくちに山へ入るといったって、意味がいろいろだべ。たとえば俺にとって、山といえば鉄砲撃ちの場だし、釣りへ入る奥山の渓流のことさ。でも、山というのは人によっては登山や沢登りかもしれないし、登山もハイキングレベルから縦走、冬山までいろいろだろう。田舎道で車を止め止め山菜を採るような横着な人も、自分は今日、山へ入ったって思っているかもしれないよな。

つまり、山へ入るときにぴったりのナイフと聞かれても、どんな山で何をしたいのかがわからないとアドバイスのしようがないんだよ。もっと極端な人は、「いま売っているナイフでいちばんいいナイフはどれですか?　やっぱり値段が高いのがいいやつなんでしょ?」なんて聞くんだけど、そういう質問はなおさら答えようがない。だから、話をちょっと整理しておこうや。

アウトドア用の刃物といってもいろいろあって、形状から分けると、だいたい2タイプになる。まずは折りたたみ式のフォールディングナイフ。これはブレード(刃)がハンドル(握り)の中に収納できるタイプだね。俺ら世代がガキのころ、みんな使っていた肥後守(ひごのかみ)も、半分、おもちゃみてえなもんだけど、一応フォールディングナイフの一種。ハサミだのドライバーだのいろんな小道具が付いた、いわゆる十徳式のツールナイフ(アーミーナイフ)もフォールディングナイフに入る。たたむと寸法が小さくなるのでポケットナイフともいうね。フォールディング型の強みは、なんてったってポケットに入るほどコンパクトだってことだ。持ち歩くときに軽くてじゃまにならない。

もうひとつのタイプは、ブレードとハンドルが一体になっているシースナイフ。それぞれ専用の鞘(シース)が付いていて、それに収納して、腰に下げたりザックに入れたりする。大きさはいろいろだけど、俺が使うのはフォールディングナイフよりもこっちのナイフだな。ハンドルが大きいので保持力が効く。ブレードも厚めで長いので、ものを切る作業能力自体はフォールディングタイプよりも高い。

刃物を買う前にもうひとつ頭に入れておいてほしいのは、それが何用に設計されたものかってことだ。たとえば狩猟用の刃物といったって、折りたたみ式のフォールディングナイフにもあるし、シースナイフにもある。猟のターゲットも鳥から大型の四つ脚動物までいろいろ。尻まわりを小さく切ってヤマドリやカモのわた(腸)を抜くナイフなのか、イノシシやシカを捌くものなのかってことも見ないといけない。アメリカには人と闘うための軍用ナイフもあるよ。そういうのを、カッコいいとか言ってアウトドアで使うと笑われるから、買うときは本来の用途を調べておきたいね。

四つ脚動物を処理する場合は、まず頸動脈を切って血を抜く作業があって、次に腹を割いてわたを出し、皮を剝ぐ。それから関節を外したり、骨から腱を切り離して肉の塊を切り出し、肉を覆っている膜なんか剝いでいくわけだけど、やろうと思えば1本のナイフでもできるし、それぞれの作業により適した専用品的なナイフもある。

魚の場合も同じだ。尺くれえまでのイワナ、ヤマメなら、釣り用のフォールディングナイフがジャストサイズだ。獲物がひと回りもふた回りもでっかくなるダム湖のルアーフィッシングでは、シースナイフのほうが使いやすいよね。けど、40～50㎝もあるイワナやサクラマスだって、小さなフォールディングナイフで三枚おろしやぶつ切りにできる。多少不便なことはあっても、ひとつのナイフをいろんな作業に使うか、それとも、用途ごとにより使いやすいナイフを買って、それぞれのこだわりを楽しむか。どっちがいいかはなんとも言えないが、いろんな刃物を使ってみると比較はできるよね。刃物に必要な機能性とはどんなものなのか、というようなこともだんだんわかってくる。いろいろ買って試してみるのも、ひとつの勉強だと思う。

買うときはハンドルのチェックも忘れず

値段が高いのはいいナイフかという質問についていえるのは、切れはある程度値段に関係してくるっていうことだね。刃物の鋼材は硬いほど切れはいいんだけれど、硬いだけじゃだめで、粘りが大事なんだ。日本の包丁とか鉈に使われてきた昔ながらの炭素鋼の場合、硬くて切れがいい半面、刃こぼれしやすい。それをできるだけ防ぐための方法が、俺もガキのころに見よう見まねでやった、焼き入れ・焼き戻し（熱処理）という技術で、今も職人の腕の見せどころだ。

けれど、今はもっと高度化した鋼材がたくさんある。そういう素材の開発は、昔から狩猟が盛んで、ナイフがひとつの文化になっている欧米が早い。炭素だけでなく、クロムとかニッケルとか、モリブデン、あるいはバナジウムとか、いろんな元素を配合した材料の研究が進んできた。それによって伝統的な炭素鋼だけじゃ出すことのできない錆びにくさとか、靭性とか、耐摩耗性、といった特徴を硬さのなかに盛り込めるようになった。こういう新しいタイプの鋼材は製造コストもそれだけかかっているから、前提としては材料自体がそもそも高い。

だからといって高いものを買えば間違いないっていうわけじゃない。刃持ち（切れの持続性）がどんなによくても、研がずに使い続けられる刃物なんて、そもそもこの世にはないんだよ。刃持ちがそれほどよくないとされる鋼材も、研ぎ上げたときはピンピンに刃が立っていてよく切れるから、しょっちゅう研いで使えば手頃な値段のもので充分使える。

カスタムナイフと呼ばれる手作りのナイフも、おおむね値段は高い。カスタムナイフは芸術的なこだわりが強いので、そういう作品性も値段に乗ってくる。工場生産のナイフとはそもそも価値が違うわけだけれど、一点もののカスタムナイフが偉くてメーカーの量産ナイフが格下ということもないんだよ。そもそも刃物としての使いやすさというのは、切れ味だとか刃持ちだけでも決められないんだ。重心の位置と全体のバランス、自分の手の大きさや腕力との相性も大きい。だから、誰にとってもいちばんいいナイフなんて、この世の中にありゃしないのさ。

よく、万能ナイフなんていう呼び方をされるものもあるけれど、あれは平均的に使い具合がよいという意味で、一番だってことじゃない。いろいろ使えるけれど、それぞれの用途では満点とはいえない。そうさなあ、いいとこ平均70点くらいのナイフじゃないかな。

いいナイフに共通する条件をひとつ挙げるとすれば、自分の手になじむかどうかということだろうね。フォールディングナイフにしても、シースナイフにしても、使いやすいのは、手の中でハンドルがくるくると自在に転がるもの。人は、持ち替えが楽なハンドルのナイフを本能的に選ぶね。手のひらの大きさや指の長さ、太さはみんな違うので、ハンドルを持ったときの感覚は人それぞれ微妙に違う。昔の大工は玄翁(げんのう)(注2)の柄を自分で削って作ったもんだし、いい野鍛冶は鍬を頼みにきたお客さんの手を見て柄の長さや太さを調整してくれた。野球のバットだって、プロになれば選手ごとにグリップ部分の太さが違うでしょ。鉄砲も同じで、俺なんかは外国のライフルをそのまま使うと、いいスコアが出せない。銃床を切ったり削ったりして、自分が構えやすいように改造するわけさ。

アメリカ人は手がでっかいから、アメリカ製のナイフは平均してハンドルが大きい。だから、どんなに有名なナイフでも日本人に使いやすいとは限らないんだよね。人間の手は正直だから、しっくりこなければだんだん使われなくなり、結局はコレクションになってしまう。

ブレードの形ごとの用途とか、鋼材とかもナイフ選びで大きな要素だけど、それよりも大事なのが自分の手とハンドルの相性だよ。俺の友人のナイフ作家は、注文すると粘土を握らせて手の型を取り、手のひらの大きさ、指の形まで考えてグリップを作っているよ。カスタムナイフっていうのは、手作りで仕上がりが芸術的だから値打ちがあるんじゃなくて、ひとりひとりの手にも合わせてくれるからカスタムなんだ。

猟師が剣鉈を使う理由

俺はいろんなナイフを持っているし、使ってもきたけれど、いちばん信頼している刃物を挙げるとすれば、奥利根の山や沢へ入るとき必ず持っていく剣鉈（けんなた）だな。鞘に入れて腰へ下げるので、タイプとしてはシースナイフになるんだろうけれど、これは昔から日本人が使ってきた鉈の一種。木を切ったり炭を焼いたりする山仕事の人たちが使う鉈は、四角い形の角鉈っていうやつだが、剣鉈は文字どおり先が剣のように尖っている。もっぱら猟師が使う鉈だね。用途も特殊なので世間的にはマイナーな刃物だし、樵（きこり）仕事じゃまず使わない鉈だ。

どんなときに使うか。初めて見た人はだいたいみんな「すごいですね、護身用ですか？」って聞くね。「クマが襲いかかってきたら、これで立ち向かうんでしょ？」なんてね。馬鹿言っちゃいけないよ（笑）。クマとばったり鉢合わせしたら、刃物なんてまず役に立たねえって。ライフル構えてたっておっかねえ動物なんだぜ。そりゃ昔は、剣鉈で身を護ったっていうような話もちらほらあるよ。

これは俺の師匠の将軍爺の話だ。戦前だか終戦直後のことだが、奥利根へクマ獲りに行ったら山を越えてきた新潟の衆と出会ったので、話し合って一緒に巻き狩りをすることにしたんだと。そのとき師匠はタツメ(射手)へ立ったんだが、勢子に追われたクマが師匠の前に近づいてきたそうだ。引きつけられるだけ引きつけておいてから銃の引き金を引いたら、カチンッと小さな音がした。それでおしまい。なんと、不発だった。昔は弾を自分でこしらえていたから、こういうこともたまにあったらしい。発火しないのは、だいたい雷管の不良だな。当時は火薬の量を自分で量って、弾を入れて蝋で固めて蓋をしていた。それを腰ベルトの弾帯に差しておくんだけど、走っているうち弾の重みで蝋の蓋が外れ、火薬がこぼれていることもあったみたいだ。弾を込めて引き金を引いても、ドカンと音がするだけで、肝心の弾が出ないってこともあったっていう話だ。

そのときのクマは、勢子に気を取られていたのか、風向きの関係か、カチンッという音が聞こえなかったらしい。クマがどんどん近づいてくるので、師匠は思わず腰の剣鉈を抜いて身構えた。じっとしている師匠にクマが気づいたのは互いの息がかかるほどの距離で、師匠は思いっきりその鼻先を剣鉈でぶっ叩いたんだと。クマはグワグワッと暴れながら下へ転がり、それを新潟の猟師がドーンと撃った。その衆が仕留めたクマの頭を見たら、鼻先がざっくり切れ、ぶらぶら揺れながら下がっていた。思わず「上州はごついのう」とつぶやいたそうだ。将軍爺は肝の据わった男だと尊敬され、それから山で会うと「お前さんがタツメやってくれ」と、いちばんいい場所に立たせてくれたそうだよ。

けれど、そういうのは偶然さ。向かってきたクマに鉈なんか振るったらよけい怒らせるだけ。護身なんて、剣鉈では最後の最後の使い道だよ。そういう使い方は避けたいところだけど、クマが向かってきたとき、とっさに鞘から抜けば生き残れる可能性が少しは高まるかもしれない。でもさ、クマの毛皮って意外に硬いんだぜ。俺は実際に生の毛皮を剣鉈で刺してみたことがあるんだが、そんなに簡単には貫通しない。片手で振りまわしたところで、クマのほうが動きは早いから、その前にはたかれるだけさ。クマが向かってきたら両手で力いっぱい剣鉈の柄を握って、刃先を向けてじっと身構えているしかないってことが、なんとなくわかったよ。勢いであばら骨の間にでも入ってくれたらラッキー。もちろん、そうなったら自分もただじゃすまない。鋭い爪ではたかれて、噛まれてめちゃくちゃにされる。相打ちにもっていけたら上々じゃないの？　高柳はクマにやられて死んでたけれど、クマも死んでたっていう話なら伝説になるんじゃねえか(笑)。

山での剣鉈の使い方

剣鉈は先が鋭く尖っているので、獲物を止め刺ししたり、現場で腹わたを抜くときも便利だけど、じつはもっぱらの使い道は獣の体を割くことじゃないんだ。木を伐ることなんだよ。たとえば一緒に山へ入った仲間が足を骨折したとする。おぶって帰るにしても、折れたところを添え木でしっかり押さえなきゃなんない。そういう急を要するとき、折りたたみ式のポケットナイフじゃ役に立たない。剣鉈は刃渡りが長くて重みもあるから、腕くらいの太さの木を2～3回でスパッと断ち切れる。

添え木を縛るものがなければ、首に巻いているタオルを裂いて使う。っていっても、歯じゃ細く何本も裂くのは難しい。そんなときは剣鉈の切っ先で、タオルをちょん、ちょんと刺して穴をあけるんだよ。そこに指を入れて両側に引っ張ると、軽く簡単に裂けてひもができる。

渡ってきた沢が急の増水で帰れなくなったようなときは、野営するしかない。そんなときも剣鉈があると作業が早い。葉っぱのついた枝葉をバッサ、バッサと切り集めて組めば、雨や夜露をしのげる小屋がすぐ作れる。野営には焚き火が必要だけど、着火用の薄い木片や薪作りでも、剣鉈は体の力をうんと乗せられるからポケットナイフの何十倍もの力を発揮してくれるよ。

つまり、鉈の重さ、力強さ、シースナイフの鋭利さという、いわば〝いいとこ取り〟をしたのが剣鉈なんだよ。アメリカには西部開拓時代によく使われたボウイナイフっていう有名な大型ナイフがあるけれど、これもいわば剣鉈だ。

剣鉈には片刃と両刃(注3)があって、俺は両方持っているけれど、使いやすいのは刃角が狭くて鋭利にできている片刃だな。左手で灌木の幹や枝をつかんで、右手で握った剣鉈を振り下ろせばスパッと切れる。鋭利なだけでなく、刃の進む方向が食い込みやすい角度になっている。両刃は左右の中心に刃の頂点があるんで、斜めに振り下ろすとどうしても力が逃げる傾向があって、よく研いだ刃でも片刃ほどは切れに気持ちよさがない。へたすると滑るよ。

獲物を仕留めたとき、皮を剥いだり骨から肉を外すときは軽くて取り回しのいいシースナイフが便利だが、解体はだいたい家に持って帰ってやる作業だ。だから、山では止め刺し、腹出しくらいで、剣鉈の切っ先で充分に事が足りる。釣りに沢へ入ったときも、俺は剣鉈でイワナの腹を割いたり、山菜のフキを刈り取ったりしている。剣鉈ほど便利な刃物はないよ。

確かに剣鉈は重い。腰に下げて歩くので、慣れないとじゃまくさいかもしれない。でも、さっきも言ったように、この重さが剣鉈の命なんだ。鉈でもあるけれどナイフでもある。この俺の剣鉈をよく見てくれ。元のほうと先とでは刃の角度が違うだろう。元から真ん中くらいまでは鈍角に研いである。そこから先はだんだん狭い角度にして、切っ先のところは切り出し（注4）みてえに薄くなってんべ。そういうふうに研いでいるんだよ。つまり木をぶった切るような力仕事は真ん中から下の部分、枯れ木を薄く削って焚き火のつけ木を作るようなときは真ん中前後、獣やイワナの腹を割くときはピンピンに尖って薄い先のほうを使う。一本でいろんな使い方ができるのが剣鉈なんだ。

そして、刃をもっと細かく見てくれ。ただまっすぐには研いでないだろう。手元のほうも先のほうも、段をつけるように研いである。これはね、刃が欠けにくくするための研ぎ方。刃を砥石の面に当てるとき、元々の刃の傾斜に合わせるだけだと角度がどうしても狭くなってしまうんだよ。もちろん切れは鋭いけれど、それだけ衝撃にも弱くなる。段をつけるように研ぐことで、片刃の鋭さのなかに強さを加えられるんだよ。特に切っ先部分は欠けやすいので、段をつけて研がないとすぐだめになっちまう。力のかかる場所に応じて刃の角度を微調整するわけだ。

そんなわけで、俺は山の中で最も信頼できる道具は剣鉈だと思っているが、なんでもかんでも剣鉈でする必要はない。たとえば、腕よりも太いような木を切るときは、鋸を使ったほうがだんぜん仕事が早いし体が楽。たとえば、増水して帰りに渓が渡れないとき、昔の猟師はどうしたかっていうと、背嚢から鋸を引っ張り出して、太ももくらいの木を切り倒して渡したんだよ。だから俺もザックに必ず鋸を入れている。剣鉈は、鋸と対で持つ道具なんさ。

重さが剣鉈の肝だといっても、あんまり重すぎるのはじゃまになって使いにくい。特に忍び猟のときは山の中をずっと歩くからね。俺の経験からすると、作業能率と重さのバランスがいいのは7〜8

寸(刃長＝21〜24㎝) ってとこ。9寸5分は腹切り刀といって、作るもんじゃないと昔から言われているし、1尺になると普通の体格、体力の人ではかなり重いな。俺がいつも使っているのは7寸5分(約22・5㎝)だ。

剣鉈を商う人たちに言いたいこと

最近、剣鉈が流行っているみたいだな。売れるからか、作っている鍛冶屋も増えてきたみてえだし、キャンプに持っていく人もいるっていう話だ。でも、キャンプに剣鉈はいらねえだろう(笑)。今の普通のキャンプ場だったら、シースナイフ…いや、料理包丁が一本あればもう充分じゃないの。

関心が高まっていることは悪いことじゃないけれど、俺は今の剣鉈ブームにひとこと言いたい。特に作っている人、売っている人に。剣鉈っていうのは鞘へ入れて腰に下げるものだ。しかも、実際に使う機会は一日のうちでもごくわずか。ほとんどの時間は腰に下げて山の中を歩いているわけだよ。ということは、鞘がうんと大事なんだ。歩くたびにカタカタ音がするような鞘は論外。そんなちゃちな鞘をつけて剣鉈を売っちゃなんないぜ。出来合いの鞘を適当に合わせるんじゃなく、その剣鉈に合った、ちゃんとした鞘を作りなさい。

剣鉈はすごく便利だけど、扱い方を間違えると、これほど危ない刃物もないんだよ。いま売っている剣鉈の鞘は、ほとんどが下げ鞘(注5)でしょう。下げ鞘は、ぴったり収まっていないと歩いているうちに抜けやすいんさ。俺が好んで使うのは特注で打ってもらった「への字型」の剣鉈だけど、これを適当な下げ鞘に入れて歩くと、すぐにするっと抜け落ちる。歩いているうちにいつの間にかなくしちゃったっていううちは笑い話で済むけれど、抜け落ちた先に自分の体があったらどうするの。

剣鉈を扱う以上は、鞘まで責任をもって作りなさいって。何かあってからでは遅いんだから。素人さんが剣鉈を持つ時代なんだから、余計にね。出来合いの鞘を使っている理由が、オリジナルの鞘を作ると金がかかるっていう話なら、剣鉈なんて道具は商っちゃなんない。何かあって剣鉈のせいにされたら、残してくれた昔の人たちの顔に泥を塗ることになる。それだけは大きな声で言わしてくれ。頼むぜ。

注1：コークス　石炭を蒸し焼きにした燃料。取扱量が多かった時代は貨車輸送された。
注2：玄翁　釘を打ったり、叩き鑿を使うときの鎚。かなづち。
注3：片刃・両刃　片刃＝硬い鋼の側面に柔らかな地鉄(じがね)を鍛接したもので、一方向から研ぎ落とした刃物。両刃＝割り込んだ地鉄の真ん中に鋼を挟んで鍛接し、両方向から研ぎ落とした刃物。
注4：切り出し　木工用の小刀。刃は直線的で先端は鋭利。
注5：下げ鞘　鉈の刃を下向きに収納する構造の鞘。上向きに収納するのが上げ鞘(150ページ参照)。

剣鉈

(右から) 狩猟を始めたときに父親が買ってくれた土佐打ち刃物。両刃。使い込んで形状が変わっている。柄の滑り止めは自分で刻んだ／友人でナイフ作家の故・中野彰治作。鋼材はCV134、柄はモリさんが自分で調達したイタヤカエデで依頼。片刃／祖父、父と譲られた鉈。明治後期ごろに地元の鍛冶屋が作ったもの。鋼材は和鋼（玉鋼＋包丁鉄）か。片刃／隣村の野鍛冶に依頼して作った。鋼は玉鋼。両刃。

シースナイフ

（上から下に）ゾーリンゲンの名作『オセロ』／故・高橋雅男作。ATS34、スタッグハンドル、ヒルトがシルバー。研ぎやすい。猟と釣りに愛用／山本諦治作。猟と釣りに愛用。

（上から下に）ガーバーC357。ハイス鋼、紫檀ハンドル材。狩猟用／新潟県与板の鍛冶屋に作ってもらった鍛造ナイフ。鋼はヤスキハガネ、地鉄は昔の橋梁材。スタッグ（鹿角）ハンドル／大城将宏作。ハイス鋼、スタッグハンドル。獣の解体にもっぱら利用。

鉈とナイフの呼称

剣鉈のような和式刃物は、硬い炭素鋼と軟らかい地鉄からなる複層構造にしたのち、赤熱して軟らかくなったときに叩いて成形する鍛造技法で作られる（打ち刃物と呼ばれる）。

洋式のナイフには、鉄に炭素のほかさまざまな金属、微量元素を加えることで、錆を防いだり、耐摩耗性を高めた近代的な鋼材（合金）が使われていることが多い。これらは手入れが楽で、研ぎの回数が少なくてすむメリットがあるが、ほったらかしでもよいという意味ではない。フィールドから帰ったら、必ず手入れを。

鋸

剣鉈は腕ぐらいの木の枝なら容易に伐ることができるが、それよりも大きな木を伐る場合は鋸を使ったほうが仕事は早い。深い山の中では何が起きるかわからないので、モリさんはリュックの中へ必ず鋸を入れている。

鞘にこだわる

モリさんは「上げ鞘」

剣鉈は刃が下に向いた形で鞘に収めると歩いているうちに抜けてしまうことがある。刃が上向きになる上げ鞘にすると抜けにくい。モリさんは自作している。

自分でカスタマイズ

山の中で頼りになる剣鉈。だが、扱い方を
間違えば大ケガの元。重要なのは鞘だ。

上げ鞘なら抜けない

前かがみになっても、てこの原理で刃が鞘の
隙間に押しつけられ、止まる

手に合わせた握り

買った剣鉈の握り心地がしっくりこないとき
は、握りやすくなるまで削る

中でガタつかない鞘を

剣鉈の鞘は中が刃の形になったものを使う。
四角いだけのものはガタついて危険

名入り

猟を始めたときに父が買ってくれた鉈。40
年来の愛用品だ

剣鉈で一木を伐る

鉈の重厚さとナイフの鋭さを併せ持つ剣鉈。
万能の刃物だが、最も得意なのは木を伐ること。

木(枝)を少し弓反りにたわませておいて振り下ろすのがコツ

↓

当たって切れた部分から、反発力によって繊維がはじけて軽く切れる

刃のやや先寄りを狙った場所へ斜めに振り下ろすと、遠心力が利いてよく切れる

剣鉈で—応急手当て

たとえば同行者が足を骨折したとき。
いざというときはレスキューにも使える。

添え木を縛るひもがない。そんなときはタオルの端に剣鉈の切っ先で穴を縦にあける

欲しいひもの本数だけ穴をあける。指を入れて両側に開くと簡単に裂ける

歯で端をくわえて引き裂くよりも、はるかに簡単にタオルを裂くことができる

添え木に頃合いの太さの灌木を３本、剣鉈で伐って長さをそろえる

足の両側２カ所、後ろに１カ所、添え木をあて、タオルを裂いて作ったひもで結ぶ

森のビバークに欠かせないのは焚き火。重要なのが力のある種火をつくることだ。ここでも剣鉈が大活躍。

剣鉈で―木を削って、火を熾す

堅い広葉樹の立ち枯れ枝、油分の多いヒバなど針葉樹の枯れ枝を削って焚き火のつけ木にする

地面が湿っていると熱が奪われ種火が消えやすいので注意

竹串ほどの太さの乾いた枯れ枝を集め、互いに密着するよう方向をそろえて敷き、その上に薄く削った木片を置く

木片にマッチやライターで火をつける。油分が多いのですぐに火がつく

細い枯れ枝に火が移ったら、鉛筆ほどの太さの枝の束を乗せていく

なかなか燃え上がらないときは風(酸素)を送って燃焼しやすくする

湿度が高かったり気圧の低いときは炎の勢いが鈍い。削った木片を足す

中くらいの太さの枝がしっかり燃えだせば、ほぼ消えることはない

非常時のビバークではない焚き火の場合は、火事の心配がない安全な場所で

薪を平行に重ねると、煙突効果と同じ原理で空気の流れができ、消えにくい

シースナイフで―魚を捌く

釣った魚はおいしく食べたい。
鮮度保持に欠かせないのが一本のナイフだ。

残雪を利用すればよい状態で持ち帰れるが、
活締めすれば、よりよい状態で料理ができる

肛門からナイフを入れ、腹部の左右中央に刃
を進める。刃は外向き、喉元に向けて切る

腹びれ、胸びれの間を切り、えらの付け根で
止める（仕上がりの見た目がよい）

えらぶたのところからえらを抜く。ナイフで
上下を切り離すときれいに取れる

鮮度が落ちやすい内臓を引き抜く

腹の中をきれいに洗う

内側の赤黒い部分は腎臓。雑味があるので、
軽く切り込みを入れ指で削り落とす

ナイフの構え方。人さし指でブレードの背を
軽く押さえると取り回しがよくなる

続いて、三枚おろし。えらぶたと胸びれの後
ろに切り込みを入れる

腹の内側にナイフを入れる。まず上から下に
向かい、肋骨の付け根を切り離す

次に背側から、脂びれ、背びれと平行に刃を
進める

なるべく背骨に身を残さないように切る

研ぎは難しいと思われがちだが、刃物が切れる
原理がわかれば、そう難しい作業ではない。

剣鉈の研ぎ方

中砥

根元付近から。剣鉈の刃先の傾斜を砥石にぴたりと当て、前へ押し出すように研ぐ

続いて真ん中付近、先端付近と３段階に分けて研いでいく

両刃の剣鉈の場合は反対側も同じように研ぐ（刃の向きを変える）

砥石は中砥、仕上げ砥の２種が基本。刃こぼれした場合は修正用の荒砥が必要

ガタつかないよう、濡れた雑巾を台との間に入れる。砥石は常に濡れた状態で使う

仕上げ砥

仕上げ砥の役割は、中砥の条痕を消し、より
なめらかで切れのある刃にするため

剣鉈の鋭利な切っ先はナイフ的な使い方をす
るので、厚い元の部分より念入りに研ぐ

切っ先部分は傾斜が一様ではないため、細か
く何度も研ぎ分ける

ときどき指の腹に刃を当て、確認する。少し
でも滑るようならまだ研ぎが甘い

先端の両サイドも忘れずに研ぐ。小刻みに動
かす

最後に切っ先部分の背面を山型に研ぐ。砥石
で軽くなでるように

ナイフの研ぎ方

シースナイフやフォールディングナイフの研ぎ方。
自分のナイフを研いでみよう。

一般的なナイフには、硬く粘りがある洋式の鋼材が使われる。基本構造は両刃で、靭性が高い分、本体は薄く、同じ刃角でも和式刃物より切り刃（刃先の傾斜部分）の幅が短い（剣鉈は数センチなのに対しナイフは数ミリ）。砥石に当てるべき部分が狭いため不安定になりやすく、ぶれた状態で研ぐと鋭利にならない。そこでナイフを握った利き手をもう一方の手で押さえ、角度が変わらないようにする。まずは根元から真ん中付近の直線的な部分を一方から研ぐ（実線矢印）。砥石の端まで進んだら刃の向きを変えて研ぎ返す（破線矢印）。

ナイフは先端寄りの部分が大きなアールになっている。まっすぐ研ぐだけでは形状に沿ったなめらかな刃がつかないので、弧を描くようにスライドさせる。砥石の上に残った黒い研ぎ跡の幅が、先端付近の切り刃の幅。この黒い研ぎ跡が同じ幅になるように研ぐ。自己流で研ぐと切り刃の形状自体が変わってしまうので注意。

道具も手入れを

少しくらい切れが鈍くても…そんな気持ちが
山では油断になることも。道具にこだわろう。

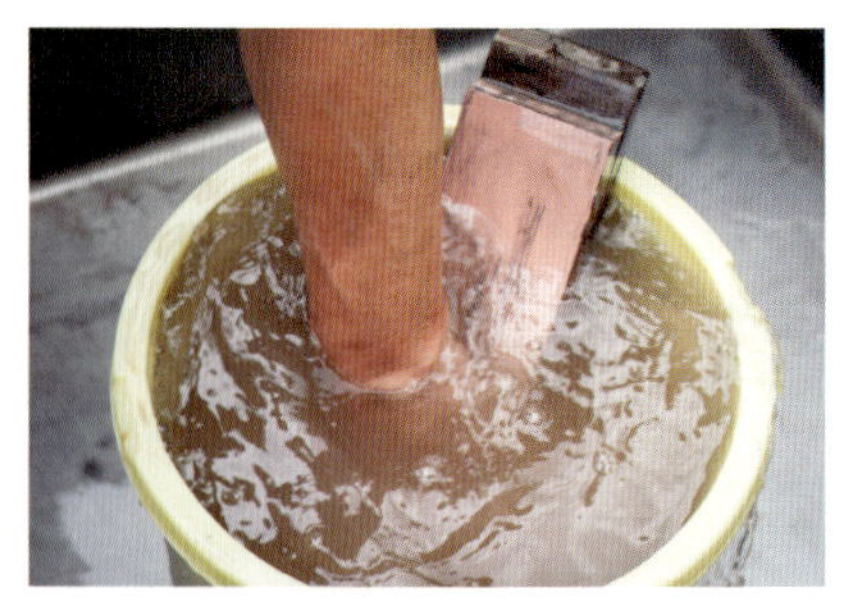

使い終わった砥石は洗って陰干し。凍ると割れるので、特に冬は必ず室内で保管

変形した砥石で研ぐと、切れはますます悪くなる。砥面を直す砥石で修正

山菜採り

刃物と頭は使いよう。
なるほど、山菜採りでも
こんな使い方があったのか。

①みずみずしいフキの群落に出合ったときなどは、一本一本摘んでいるとまどろっこしい。それにフキは根が浅いので、手で摘むと根が持ち上がり抜けてしまう。モリさんは剣鉈で株元からバサバサと刈る。効率はいいし、フキの根に負担をかけることもない。②食べ頃なのに、高くて手が届かないタラノメ。そんなときは、手頃な木の枝を剣鉈で伐って手カギを作る。③届くところで引っかけ、ゆっくり引き寄せれば、簡単に採れる。

フキノトウのジジ焼き　刻んだフキノトウと小麦粉・味噌を混ぜてお好み焼き風に

天ぷら　山菜は種類を問わず、天ぷらにするとおいしく食べられる

モリさんの山菜料理

山菜の魅力はそれぞれがもつ個性。
その持ち味がいちばん生きるのは、
簡単で飾らない料理だ。

おひたし三種　ヨブスマソウ、コゴミ、コシアブラを湯がき、好みの味で

ウドの酢味噌和え　ウドを薄く切り1時間ほど酢水にさらし、酢味噌をかけるだけ

コシアブラご飯　コシアブラと油揚げを炒め、醤油・酒で味付けしご飯に混ぜる

コゴミ
アクを抜く必要がない山菜
アブラコゴミ
和名は「キヨタキシダ」。赤コゴミとも
ヨブスマソウ
ヨブスマはムササビの意。葉の形から
ウド
崩落斜面に太いものが多く生える
コシアブラ
近年、全国的に人気の木の芽
フキノトウ(黄化)
モヤシ化して柔らかく、苦味も薄い
タラノメ
崩落などで明るくなった場所に生える

ナメコ　表面が粘膜状で汚れやすいので、ナイフで切ると帰ってからが楽

キノコ採り

秋の奥利根の醍醐味はキノコ。
森の王者・マイタケを筆頭に、
多くの食菌が晩秋まで楽しめる。

ナラタケ　歯切れのよい食感が楽しいキノコ。大量に発生する

マイタケ　ミズナラなどの老木に生える。色は白から濃い褐色までさまざま

マイタケ

写真は幼菌で、傘は重なり合ったまま扇状(へら状)に生長。大きな株はひと抱え以上にもなる。

マイタケは歯切れよく、味も香りもすばらしい。マツタケに並ぶキノコの王者だ

キノコ汁

モリさんの秋の定番料理はキノコ汁。ナメコを中心に3種類ほどのキノコを入れ、味噌とカツオ系調味料で味付け。おかわり続出の人気レシピ。

モリさんの野遊び場
奥利根へ

ボートでしかアプローチできない関東最後の秘境・奥利根。40年以上も通い続けた、モリさんにとって裏庭のような場所だ。愛車のサファリでボートを牽いていくのが、モリさんのいつものスタイル

奥利根には渓流からダム湖へ下り、
巨大化したマス族がいる。そんな
大物を狙うにはルアーがいちばん。
ルアーフィッシング
春、本流の流れ込みで釣れたダム
上がりのイワナ、45cm。雪しろ
水のような淡い体色だった。

初夏いちばんの遊びは、和式毛バリのテンカラ。ヤマメやイワナがおもしろいように水面に飛び出す。

テンカラ

毛バリ釣りは、かつて奥利根では職漁師やゼンマイ採りをする人々が糧を得るための釣りだった。

モリさんのテンカラは、職漁師の伝統と
フライフィッシングの道具が混じった独自のスタイルだ。

テンカラ指南

振り込み

糸は竿の1.5倍ある。毛バリが周囲にかからないよう確認しながら竿を立てる

手首を固定したまま、45度後方へ鋭く竿を跳ね上げる

糸が後ろへ伸びる重みを感じたら、前方45度まで竿を振り出して止めると、毛バリが飛ぶ

モリさんのテンカラスタイル

入渓は身軽さ第一に、フェルト付きのウェーディングシューズで

竿の持ち方

軽く握って小指にだけ力を入れ、人さし指で支えるように構える

竿は長年連れ添った３ｍのグラスロッド。ラインは風に強いフライラインとティペットを使っている。

毛バリを打ち込む場所
8
7
4
1

初夏の渓流魚は比較的浅い瀬にも出ている。波がもつれて流れに筋ができているところは流下する餌が集まるラインなので、魚が待っていることが多い。ただ警戒心が強いので、岸側のポイントから静かに対岸まで狙っていく。攻めきったら上流に向かう。

毛バリ作りの道具

環なし鉤（耳付きハリ）で作る

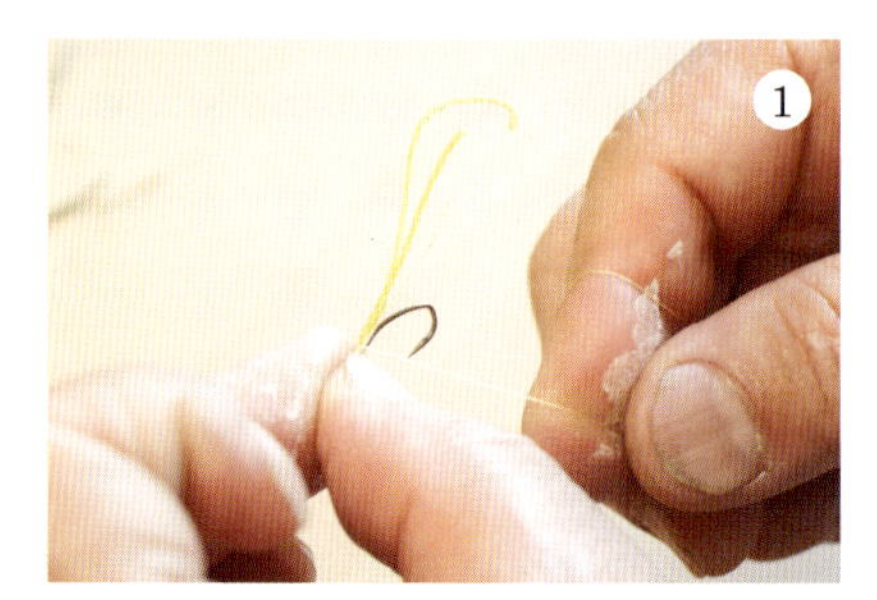

水糸を二つ折りし、その上を根巻糸で巻く

ハリの軸の半分までしっかり巻いて固定する

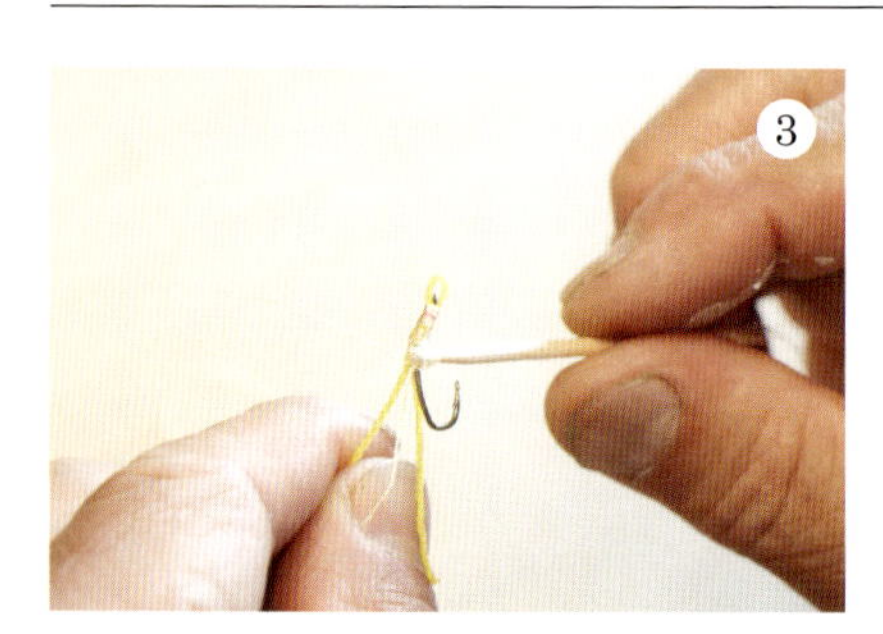

水糸が抜けないように瞬間接着剤で固める

胴毛はクジャクのオスの飾り羽

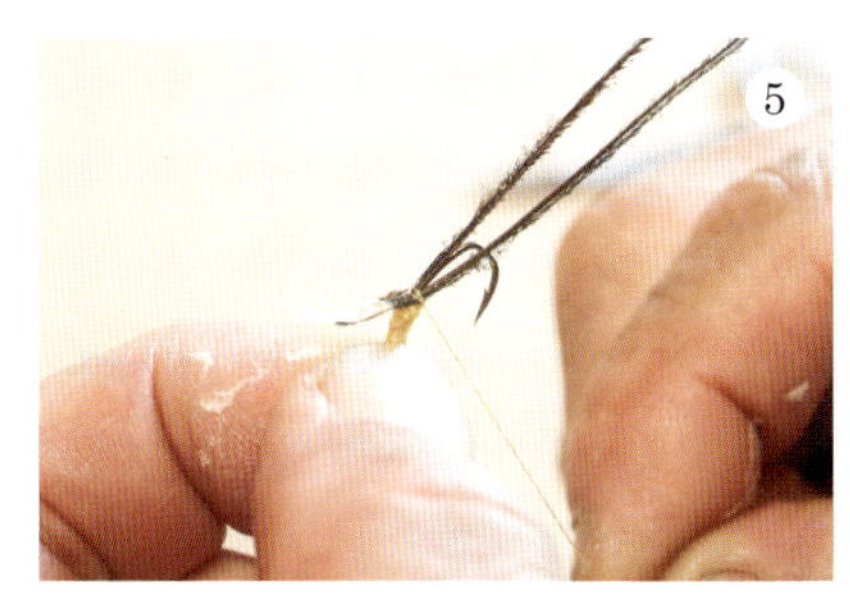

2本の毛羽を根巻糸とともにハリの軸に巻き込む

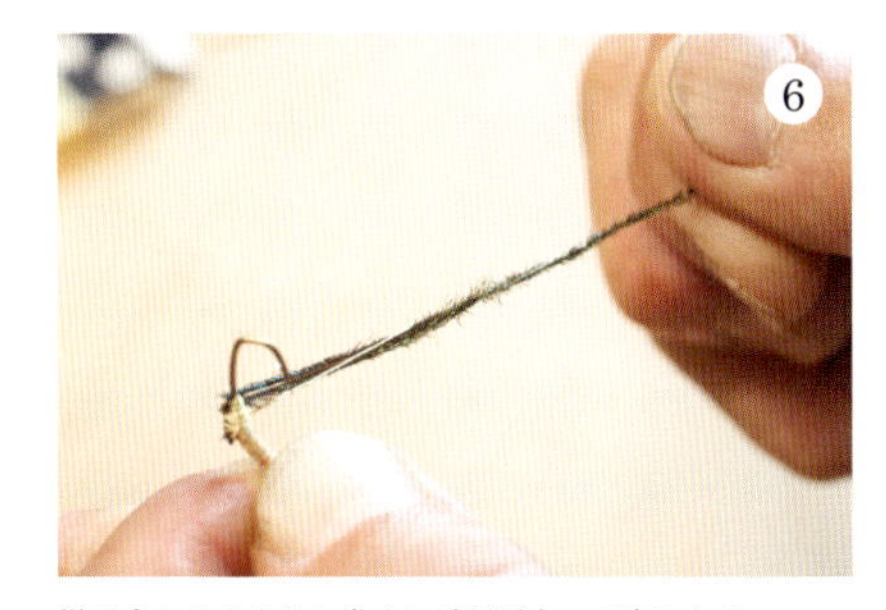

撚り合わせるように巻くと毛足が立って密になる

結び目を瞬間接着剤で止める

胴毛は軸の長さの半分ほどでよい

蓑毛(ハックル)はオスキジの首羽

綿状の部分はしごき取っておく

羽軸を根巻糸で固定したら3～4回巻く

瞬間接着剤で固定。はみ出た部分を切る

環付き鉤(アイ付きフック)で作る

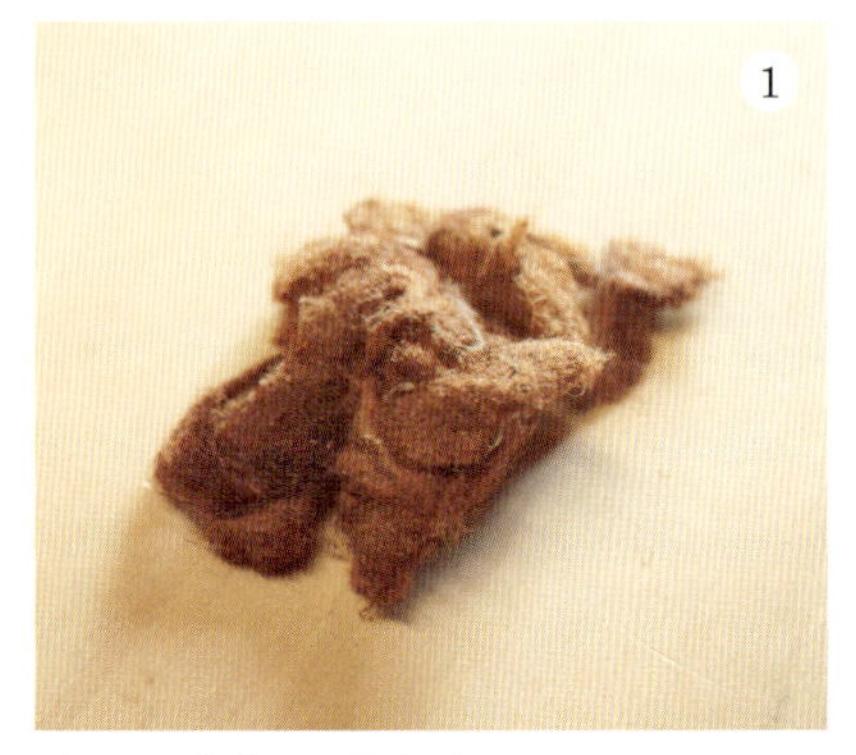

ゼンマイの綿毛もよい胴毛になる

綿毛を根巻糸で軸に巻きつける

結び止めた場所を瞬間接着剤で固定

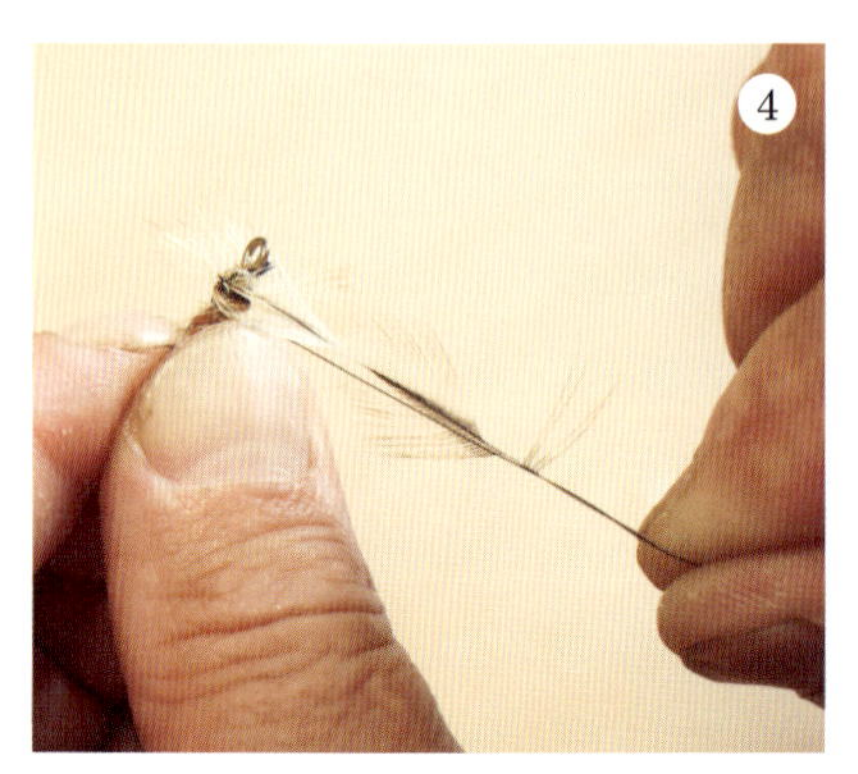

P175「環なし鉤⑨」と同様にオスキジの首羽を巻く

環に接着剤が触れると穴が塞がるので注意

はみ出た部分をハサミできれいに切る

3章

山のめぐみ 渓のめぐみ

山国の春一番の楽しみは山菜採り。ひとくちに奥利根といっても、モリさんの住む水上温泉街周辺と標高が高い藤原の地域とでは山菜文化が異なる。そして忘れてはならないのが山の掟だ。

山のめぐみ

同じエリアでも異なる山菜文化

奥利根は雪の多いところなんで、春の雪解けは一年でいちばん待ち遠しい季節だよね。釣りができるようになるのもうれしいけれど、春一番の楽しみということでは、やっぱり山菜かな。ひとくちに奥利根といっても、俺が住んでる水上寄りの地域と、矢木沢ダムに近い藤原地区のほうとでは、好んで採る山菜はだいぶ違う。どこでも好むのはフキノトウ。雪が解けて地面が顔を出すと真っ先に生える山菜で、出始めの時期は下と上とではだいぶ差があるけれど、どこの地区の人も食べるね。次がコゴミ。もう少し暖かくなるとワラビを採る。それとタラノメ、フキね。水上のほうは、だいたいこれくらいのものかな。

昔は、ワラビやタラノメのころになると、俺ら下のほうの人間は田んぼ仕事が始まるんで、山菜を夢中になっては採らなくなるんだよ。山菜で金を稼ぐ文化もないんで、ちょっと味を楽しんだら終わり。暮らしでいちばん大事なのは米作りで、山菜採りは田んぼが始まるまでのお遊びみたいなものだったね。

フキなんかは、山菜というより野菜代わりだよね。どこにでも生えているし、田んぼの帰りに鎌でざくざく刈って帰ればおかず分くらいはすぐに採れる。特に土が肥えていて、半日陰で水気の多いようなところに出るフキは、太くてやわらかいので「ミズブキ」っていって喜ばれた。同じ奥利根でも、上のほう、つまり山間部は山菜採りの感覚がぜんぜん違う。真剣な仕事なんだよね。そのことを知ったのはクマ撃ちの師匠、将軍爺とつき合うようになってからだよ。

将軍爺の住む藤原あたりは、昔は田んぼ自体がなかったんだ。今は耕地整理をして米も作っているけど、わりと最近のことなんだよ。あそこらは水稲が取れないので、味の落ちる陸稲とかソバ、雑穀を作ってた地域なんだ。ダムができる前までは、炭を焼いたりクマを獲ったり、干したゼンマイを売って金を稼ぐしかなかった。米もそうやって稼いだ現金で買って食べていたのさ。うちはお爺の代から鉄砲を持っているけど、専業の猟師じゃない。家族養うために鉄砲を持った師匠と違って、いま思えば百姓の趣味。藤原あたりでは、狩猟も山菜採りも遊びじゃないんだ。生活がかかってんだよね。そういう違いが山菜の食べ方にもなんとなく表われている。距離にすれば20㎞ほどの違いだけど、標高が３００～４００ｍ違うだけでそんなに食文化に違いがあることに、最初はびっくりしたもんだよ。

この違いは、山ひとつ越えるともっと変わるんさ。後年、新潟の奥只見に釣りに行くようになったら、新潟では藤原よりもうんとたくさんの種類の山菜を食べていた。へえ、こんなものまで食べるんだっていうようなものもたくさんあった。俺は今ではいろんな種類の山菜を採るけれど、基準は自分の口に合うもので、必ずしも生まれ育った地域の文化を継承しているわけじゃない。釣りの本なんかから勉強させてもらったものも多いしね。

山菜採りを楽しむようになってわかったことは、奥利根の気候というのは谷一本ごとに違うことだったね。ボートで支流の出合に入ると、そこだけひんやりとしていたり、水蒸気が立ち込めていることがある。上流にどれくらい雪があるか、あるいは斜面の方角によって芽吹きが1カ月以上も違うことはざら。それが奥利根のおもしろいところで、おかげで俺たちは何回も山菜採りを楽しめるんだ。たとえば、平地のワラビ採りなんかは5月中旬には一斉に終わってしまうけど、奥利根ではワラビだけでも2カ月は採れる。ここでは春がモザイク状にやってくるから、そういう楽しみ方ができるんだよ。同じ山菜を一度にたくさん採ってもしょうがないので、食べる分だけ採って、その分、長く楽しむ。これは、なかなかいい仕組みだと思っている。

ゼンマイ採りの掟

奥利根では昭和30(1955)年くらいからダム工事が始まって、土木の仕事に出れば日銭を稼げるようになったので、ゼンマイを採る人は減ったらしい。俺の師匠はずいぶん遅くまで小屋掛けをして山へ入っていた、最後のゼンマイ採りだね。師匠のゼンマイ場は奈良沢の三ツ石沢だった。師匠の脚だと矢木沢ダムをボートで渡ってから1時間で三ツ石沢まで行けたけど、俺たちだと30分は余計時間がかかったね。それくらい小屋掛けをするところは山奥で、昔の人は足腰が達者だった。持って入るのは味噌・醤油と米、それと飯盒、ブリキの一斗缶、針金くらい。俺が知っているころのゼンマイ小屋はもうブルーシートなんかも使っていたけど、その前は木の枝葉を壁にした小屋だったね。面積でいうと1畳か2畳くらい。雨露をぎりぎりしのいでやっと横になれるくらいの粗末な空間の中で、採ったゼンマイを干していた。

　この小屋をベースキャンプにしてゼンマイ採りに出るわけ。作業の合間には、毛バリでイワナを釣っておかずにする。釣りといっても昔はイワナがいくらでもいたから、裏の畑に大根を抜きにいくようなもんだよ。朝、弁当を作って沢へ入り、自分たちしか知らないゼンマイ径(みち)をたどり、太いゼンマイがたくさん出る斜面へ向かう。同じゼンマイでも、やっぱり雪が多い山奥に生えるのは大きさが全然違う。金になる立派なゼンマイは先行者が誰もいない奥の急斜面にしかないから、歩いていくのも命がけだよ。戦前は競争も激しかったので、無理に険しいところへ入ってブロック雪崩にやられるような事故もあったらしい。俺は奈良俣ダムの奥の尾根で、太いブナの木に戦前の日付が入った切り付けを見つけたことがあるけれど、「六月」「ゼンマイ採」とあった。仕事とはいえ、まあ、よくこんな奥まで歩いてきたなと思うような場所だったよ。

　小屋掛けした時代は、弁当持って沢へ入ったらキスリングや麻袋が満杯になるまで採った。ゼンマイは沢の奥へ行くほど太いのがたくさん出る。細いゼンマイは、乾燥するとミミズが干からびたみたいになっちまうけど、太いゼンマイは干しても立派なんでいい値段で売れるんさ。師匠の採り方を見ていると、雄のゼンマイ(胞子葉)と雌のゼンマイ(栄養葉)は、必ず対で残していたね。雄のゼンマイは鬼ゼンマイともいって、どの株にも必ず何本か出る胞子のついた緑色の茎だ。雌ゼンマイは少し赤っぽい、葉っぱになるほうの茎だね。地域によっては雌しか採らねえところ、雄も採るところといろいろあるらしいが、全部は採らないっていう決まりだけはどこも同じ。奥利根では必ず雄雌一対以上残す。丸坊主にしちまったら、次の葉っぱが出てくるときに栄養が足りなくなって大きくなれねえっぺ。株がやせていくんだよ。採りすぎると数も減るし、太いのが出なくなる。稼ぎに響くから、昔の人は自分事として大事に守ってきたわけ。沢にもそれぞれの家の縄張りがあったんだよね。

このあたりが、自分さえよければいいっていう考えの今の遊びの山菜採りとの違い。こういう暗黙のルールは、新潟でも福島でも、山形や秋田でも、昔からゼンマイ採りをするところでは同じ。山の掟なんだ。遊びの山菜採りが嫌われるのは、この決まり事を守らないからなんだよ。

干しゼンマイは苦労の塊

山の人たちのゼンマイ採りを見て感心したのは、同じサイズのものしか採らないことだね。丸まった葉が綿を押し開く直前くらい。指で根元をつまみ、軽くひねるとパキッと折れるくらいのを採る。葉の先が開いてしまったようなものは元のほうが硬くなっているので、干し上げても硬いゼンマイにしかならない。若すぎるのは寸足らずで貧相。採っても株を弱らせるだけなので採らない。この株で採っていいのはこれとこれとこれ…というのを素早く確認したときにはもう手が伸びていて、前掛けみたいなポケットにゼンマイが入えっている。摘んでいるときにはもう次の株を見ていて、残すべき雄雌のゼンマイも決めている。ポケットがいっぱいになったらキスリングに移し替えてさらに奥へと歩いていく。量と質をそろえながら仕事の能率も上げなきゃいけないから、なかなか忙しい仕事さね。

小屋へ帰ったら、綿毛を取って一斗缶で茹でる。茹でたゼンマイは、クマザサとか、ジッタケって俺らが呼んでいるネマガリタケで作ったスノコに載せて焚き火で乾燥させる。持ってきた針金はこのスノコを作るのに使うんさ。小屋の中で火を焚いて、茹でたゼンマイを揉みながら燻す。煙を当てながら乾かしたゼンマイは、昔から夏の土用を越しても虫がわかないといって人気があったそうだよ。

小屋での作業は、1日採ったら1日干す感じで。天気がよければ3日くらいできれいに乾く。雨が降ったからといって休んでいると、ゼンマイはどんどん大きくなって採り時を逃してしまうから、師匠たちの若いころは、一度山へ入ったら1週間は里へ下りてこなかったそうだ。帰るのはキスリングがいっぱいになったとき。乾燥重量で7~8貫目(1貫=約3・75kg)、ということは30kg弱。乾いたゼンマイは生のときの10分の1くらいに縮むから、採った量そのものは300kgくらいになるんじゃないかな。

俺はそういう苦労を知っているんで、この山菜だけは採らない。師匠たち藤原の人たちがどんな思いでゼンマイを採りに山奥へ入っていたかわかってるし、今もその権利は生きているからね。ゼンマイを採らないもうひとつの理由は、レジャーとしての山菜採りにはあんまり向いていないと思うからなんだ。ゼンマイを加工するときにまず大事なのが、下茹での加減。熱を通しすぎると食感が悪くなる。いちばん大変なのは揉みながら干す作業だよ。手を抜かずにしっかり揉み込まないと、水で戻して煮込んだときに柔らかくなんないし、出汁の含みもよくない。とにかくゼンマイは、採るところから干すところまでが手間の塊。素人が遊び半分で作っても上手にはできないからやめておいたほうがいいよ。ゼンマイだけは、山の人に敬意を表して、買って食べるのが筋だと思うな。

ワラビの隠し畑

新潟の人はほんとうに山菜好きだなと驚いたことがある。今から30年くらい前だったかな。矢木沢の奥で、すごく太いワラビが出る場所を見つけたんさ。サルナシの実を採りにいって、たまたまその場に出会った。秋だったから葉っぱは茶色く枯れていたけれど、一面が畑みたいな密度の大群落だった。面積でいうと5畝(せ)くらいあったんじゃないかな。すごい穴場を見つけたと小躍りして翌春に採りに行ったら、どれも太くてみずみずしい。何年かひそかに楽しんでたら、そこにいいワラビが生える理由がわかった。誰かがボートに化成肥料を積んで、せっせと撒いてたんだわ(笑)。肥料袋がいくつも落ちていて、ああ、これはワラビを養生するためだと。

よく見たら、その場所はワラビが生えやすいように勝手に伐開したところで。こりゃあ、えらいことする人間もいたもんだと驚いたんだけど、そのワラビ畑の主が数年後にわかった。山向こうの新潟県側、クマ獲りで有名な清水(しみず)集落の人だった。ある日、ダムサイトで行き合って声をかけられたのさ。「おめえさん、このへんでワラビの出るところ知ってるかい?」と。俺が矢木沢に通っていることも、山菜も採っているらしいことも知っていて、カマかけてきたんだね。昔、クマ獲りによく来ていた地域だから土地勘もある。こっそり作ったつもりのワラビの隠し畑が、いつも誰かに先を越されてしまうんで、ちょっとムッとしてたんだな。

そんな態度がありありだったから、俺は「こんな奥にワラビなんか出ねえべ」ととぼけた。もちろん嘘だよ。奥利根はいいワラビが出るんだ。土に水分が多くて、しかもその水は厚い落ち葉をくぐるんで栄養が多い。日当たりのいいところに出るワラビは、餅ワラビといって太くて柔らかい。その人も、奥利根はいいワラビが出ることを知っていたんだね。だから逆にカマをかけてみた。「そのワラビ場は上のほうかい？」って。いや、上じゃないって言うのでピンときた。実際、あったのは下のほうだったから。

立ち話をしてわかったことは、その人は春になると家族でゼンマイを採りに来て、ついでに隠し畑を作ってワラビを育てていたということ。けっこうな面積だから塩漬けにして売っていたんだろうな。俺もワラビを食べるのは好きだけど、うちのほうじゃ塩漬けまでしては利用してなかったよ。採りっきり、食いっきりでおしまい。フキは塩漬けにする人もいたけど、俺んちはそこまでやらなかったな。

奥利根も新潟も雪国だけど、交通の便は昔の新潟のほうが不便。そのいろいろなハンデを乗り越える知恵のひとつが、たとえば食べる山菜の種類の多さだったと思うんだ。群馬側は恵まれていたほうなんだよ。その清水集落の人も歳を取ってからはだんだん来なくなって、ワラビの隠し畑も手入れをしなくなったものだから、もう当時の面影はないね。

ワラビといえば、含まれているアクは有害物質だそうだから、必ずしっかりと抜ききる必要がある。といっても、アク抜きはそれほど難しいもんじゃない。うちの場合は空の鍋にワラビを入れ、上から木灰をたっぷり振りかけ、熱湯をひたひたになるまで注ぐだけ。そのままひと晩置いたら水を替え、茶色い汁が出なくなるまで何度かさらす。ワラビの魅力は粘りだけど、しゃきっとした食感も大事なので料理のときも加熱しすぎないことが大事だね。うちはおひたしで食べることが多いけど、俺は炒めて酒と醤油で味付けをするのも好きだ。ポイントは砂糖を使わないこと。甘くするとワラビの風味が半減しちゃう。あくまで俺の好みだけどね。

食べる山菜、食べない山菜

ゴワラビ　こちらで食べない山菜といえば、まずガガイモの芽。これは奥只見で教わった山菜だ。あっちの人はゴワラビって呼んでるね。藤原の人に聞いても誰も知らなかったので、自分で図鑑を調べてみたらガガイモだってことがわかった。折ると乳みたいな白い汁が出て。茹でると色が真っ青になって甘い。肉厚で歯切れもいい。図鑑によっては根に毒があると書いてあるけど、食べ継がれてきたところを見ると、加熱して水にさらせば問題はないみたいだな。

アケビ、コシアブラ、アクダラ　新潟の人はアケビの芽もよく食べるけど、群馬県側では食べない。今は知らないが、俺の子どものころは食べてる人は誰もいなかった。コシアブラも、このへんでみんなが夢中になって採るようになったのは最近だよ。ただ、アクダラ…ハリギリはこっちでも食べる人が少しだけどいた。アクダラっていうくらいだからアクが強いんだと思うが、そういう呼び名があるということは、昔から食べてきた証拠だね。

ヨブスマソウ　ヨブスマソウも奥利根では食べている人はいなかった。もっともヨブスマソウは奥只見でも食わない。俺が採るようになったのは渓流釣りの本や図鑑で知ったのがきっかけだと思う。食べてみりゃそんなにえぐくもないし、香りが強いかな、というくらいで。スカンポ(イタドリ)は、このへんじゃ食べなかったけれど、藤原の人は食べてたね。茹でて水にさらしてシュウ酸を抜いて、それから煮て食べていた。

アブラコゴミ、アイコ　アブラコゴミも群馬県側は食べない。ゴワラビ同様、俺は奥只見で教わったよ。アイコ(ミヤマイラクサ)とかシドケ(モミジガサ)も俺は子どものころ知らなかったけれど、藤原では食べている家もあった。俺はあんまりアイコが好きじゃない。採るのが面倒くさいから。グラス繊維みたいな針がチクチクするので、手袋をしないで触れるとひでえ目に遭う。あのチクチクは茹でるとなくなる。俺はベーコンと炒めたのが好きだけど、年にいっぺん食べれば充分かな。

ミズ、ウルイ　ミズ(ウワバミソウ)も、昔はここらでは食べなかった。藤原の人は食べたね。しゃきしゃきした茎もいいけど、粘りのある根っこのところも叩くととろろみたいでうまいよね。ウルイはこっちでも食べた。おひたしにすると、ちょっとぬるっとした食感がいい。ちょっと谷筋に入れば出ている山菜だから、子どものころから食べていた。

シオデ　このへんじゃ食ったことはなかったね。藤原で教えてもらった山菜だ。奥只見でも食べていた。山のアスパラガスだなんていわれるけど、細いつるだから、たくさん採らないと食った感じがしないね、味もそれほどでもないよ。

セリ、ミツバ、ウド　この3種類は里近くにも生えているんでよく食べた。畑にもあった。ウドは煮物で食べることが多かったね。おふくろはよくさつま揚げと一緒に煮てた。

ジッタケ　ジッタケ（ネマガリタケ）は藤原の人はよく採っていたけど、水上は標高が460～80mくらいだからこの筍は出ない。だから子どものころは採ったことも食べたこともなかった。ハンゴンソウ、トリアシショウマ、ナルコユリ、ユキザサもこっちじゃ食べない。藤原では食べる。聞いてみると、藤原のほうは嫁さんが新潟側から来ている家がけっこうあるんだよ。昔から交流があったみたいで、その影響もあるように思う。マタギの交流だよね。山で行き合って、うちの娘はどうだいっていうような感じで嫁いできているらしい。藤原では獲ったクマは新潟側へ持っていって売ったこともあったみてえだから、逆に水上側よりもつながりは深いのかもしれないな。

黄色いフキノトウ

山菜のトップバッターといえばフキノトウだね。これは冬眠明けのクマも一生懸命になって探す。フキノトウはいろいろな食べ方をするね。まず天ぷら。味噌と炒めたフキ味噌。茹でてぎゅっと絞り、甘酢に漬ける。塩で揉んだキュウリやタコを入れるとちょっと贅沢な一品になる。群馬は小麦どころなので、ジジ焼きっていうお好み焼きみたいな粉もの料理があるんだけど、この中に入れてもいい。味噌と刻んだフキノトウを粉に入れてじっくり焼く。苦みがなかなかいいもんだよ。

奥利根らしい山菜といえば、俺は黄色いフキノトウに尽きると思うな。黄色いフキノトウのことは、俺が奥只見へ釣りに通うようになってから知ったんだけど、あるとき奥利根にもたくさんあることに気がついた。フキは水辺を好む植物なので、フキノトウも川筋によく出る。土から顔を出しても、奥利根は豪雪地帯だから上に厚く雪が乗ったままで、なかなか日が当たらない。それで黄色い状態のまで膨らむんだ。えごみ(えぐみ)がなくて、柔らかくて、食べるとにかくうまい。きりっと苦い緑色のフキノトウも香りが高くていいけれど、こういうモヤシ状のフキノトウも天ぷらにすると絶品だね。雪が解けて日が当たると、すぐ緑色になってしまうんで、いいタイミングで出会わないと採れない。それこそ2日くらいのものだけど、場所に当たれば真夏でも採れるからおもしろい。イワナ釣りや沢登りをする人だけの特権だよね。こっちは雪の遅い年は正月にはもう最初のフキノトウが出ているから、フキノトウはその気になれば半年楽しめるよ。

マイタケ採り

俺が子どものころ、キノコ採りは家の手伝いみてえなもんだった。裏の山でどっさり採って帰って、でっかい釜で茹でて、塩をいっぱいぶち込んで桶に漬け込むんだ。小学校6年のころには、桑の葉を入れる「ザマ」っていう籠を背負い、ひとりで山へ入ったもんだよ。塩漬けしたキノコは、水に浸して塩を抜き、油で炒めたり汁に入れたりする。そうやって次の秋まで家族で食べ続けるわけだ。

俺にキノコ採りを仕込んでくれたのはお爺だった。山へ連れてっては「盛芳、これは赤ん坊っていうんだぞ」とか、これは一本しめじだ、鼠もたせだ、霜降りだ、初茸だ、獅子茸だっていうふうに、食べられるキノコの名前をひと通り教えてくれた。お爺が教えてくれたキノコの名前は、水上あたりでしか通用しない方言だってことを知ったのは、大人になってよその土地の人たちとつき合うようになってからだね。赤ん坊はサクラシメジ、一本しめじはウラベニホテイシメジ、鼠もたせはホウキタケ、霜降りはここらじゃクリタケ、初茸はそのままでハツタケ、獅子茸はコウタケのことだった。

このへんで食べるキノコはこれくらいのもん。木の種類や標高の関係で、マツタケとかマイタケのような高級キノコは出ねえんさ。雑キノコを、特に種類分けもせず塩漬け保存する。そういうキノコ文化だった。親父がどこかからマツタケを採ってきたこともあるけれど、地元じゃなくてうんと遠いところの山だった。場所を聞いても笑ってごまかすばかりで教えてくれない。息子の俺にも教えねえんだからひどいよな。で、今の今まで教わんないまきちまった(笑)。

そんなふうに、うちはお爺、親父、俺と、みんなキノコ採りをする。キノコといえば忘れられないのが中毒だな。一度、家族みんながあたってえらい目に遭った。お爺が間違えやがったんだ(笑)。たぶん鼠もたせだと思う。ホウキタケの仲間には食べられるのと毒なのがあるからね。あのときはうちじゅうで吐いたり下したりで大騒ぎ。しばらくはキノコを見るのもいやだったんだけど、塩漬けしとかなきゃおかずが乏しくなるっぺ。採って食べなきゃなんないのさ。

キノコ中毒といや、奥利根でもあたっている。東京から釣りに来た若い衆が「高柳さん、キノコ鍋ができたから食べてください」って言うから、「そりゃごちそうさま」って食ったら、間もなく腹ん中が大騒ぎ。そいつの言い草が振るってたね。「おかしいなあ。図鑑見ながら採ったんですけど」。ふざけんな、だよなあ(笑)。キノコを採るだけならその程度の知識でもかまわない。自分で食べてあたっても自己責任だから。けど、家族や知り合いに振る舞うってなると話は別だよ。よっぽど自信がなけりゃ、そういうことはやっちゃいけないことなんだ。このときは笑い話で済んだけど、キノコで中毒すると、場合によっちゃ死ぬからね。

昔、田舎じゃ、縦に裂けるキノコは大丈夫だとか、真っ赤なキノコは毒だって思われて。水上あたりでもそういう見立てがあったもんだよ。それが今じゃ、根拠のない迷信だっていわれてるよね。縦に裂けるものにも毒キノコがあるし、裂けなくても安全でうまいキノコがある。赤いキノコにも、タマゴタケみたいな抜群にうまいのがある。そんな迷信のようなことがなぜ通用したのか。それは、今みたいに手当たり次第に種類を食べなかったから。食べられる食べられないの見分けは家で教えるもので、実際に食べている種類もさっき言った5〜6種類だ。これはほかの田舎へ行っても同じだと思う。昔の人は、食べていいって伝えられている範囲の種類しか採らない。その5〜6種類を見分ける方法として、裂け方とか色の特徴を挙げているんだ。だから、実際は科学的な根拠がなくても、教えられてきた種類を見比べるために使うかぎりは、情報として正解だったんだよ。

ところが今は図鑑頼りで、手当たり次第に採る傾向になっているでしょう。スマホでもすぐに調べられる時代だよね。これが怖いんだな。山菜の中毒事故も同じだけど、食べられることのほうに気が行ってしまって、もし毒だったら、あたったらどうしようという用心が薄れている。まっ、一回中毒を経験すりゃ意識は変わるだろうけれど、今はオフ会とかいって、知らない素人同士が集まってキノコ採りを始めたりするからおっかない。図鑑で確かめる人はまだいいほうで、以前、奥利根でツキヨタケをいっぱい採ってきた人を見たときはぞっとしたね。「これ、どうするん?」と声をかけたら、「シイタケみたいでおいしそうだから持って帰って食べる」って言う。注意したさ。「そうかい、うまいべな。でも、そのあとは二度とうまいもんが食えなくなるかもしんないな」って。

目標はミズナラの老木

秋の彼岸が近づくとそわそわしてくるよね。奥利根での遊びはなんでもおもしれえけど、やっぱり秋のマイタケ採りは格別だわ。秋に入るといろんなキノコが採れだすけど、これが出るのはかなり早いほうだよ。マイタケを採るようになったのは大人になってからだった。さっきも言ったように、俺が住んでいるところは標高が460mくらい。山はずっと炭焼きに使われていたところだからマイタケが生えるような巨木がないんだ。どこにでもあるようなアカマツとコナラの雑木がほとんどで。

マイタケは、水上より上流の藤原に住むクマ撃ちの師匠から教わったんだよ。あのへんは標高が800mあって原生林の佇まいがある森も多いから、そもそもキノコ採りの感覚がうちらのところと違うんだ。なんといっても人気があるのは、でっかい株に当たればうれしくて舞い踊るっていうくらい高く売れるマイタケ。もたせ(ナラタケ)、喉焼き(ムキタケ)、あかっぷ(マスタケ)、こあっぷ(ブナハリタケ)、ナメコなんかも藤原から奥の山へ入るようになって覚えたキノコだね。

初めてマイタケ採りをしたときのことは、今でもよく覚えているよ。「師匠、じつは俺、マイタケっていうものが生えているところをまだ見たことがねえんだ」って言ったら、「お前、鉄砲やるくせに見たことねえんか。そんじゃ山さ行くべ」って、二つ返事で連れていってくれた。クマが冬眠している穴もそうだけど、普通、山やる人は自分の財産ともいえるマイタケの場所は教えないんだよ。家族にしか場所を明かさず、それも引退するときだっていわれてきた。俺みたいな若造の頼みを聞いて、「マイタケはこういう木に出るんだぞ」って教えてくれた師匠は、度量のでっかい人だったな。

初めて見たときの感想かい? 大きな株じゃなかったせいか、「これがマイタケか」って感じだったね。しかも、見たことがあったんだよ。マイタケは秋早くから出るんだけど、場所によっては11月15日の狩猟解禁のころにもまだ残っていて、俺はそれを蹴っ飛ばしたり、踏んづけながらクマを追いかけてたんさ。なんだよ、これがマイタケだったのかよっていう感じ(笑)。

師匠がまず教えてくれたのは、マイタケの生えるのはミズナラで、それもでっけえ老木だっていうこと。若々しくて元気がみなぎっているような木は、いくら太くてもだめ。枝の何本かが枯れているような、そういうちょっと老けた木がいい。枯れ枝の色もよく見なくちゃなんないって言う。黒く枯れているのはほかの菌がまわっている証拠だからだめ。白く枯れているのがマイタケの菌糸がまわっている木だって師匠は言うんだよ。かといって、すっかり枯れていたり、地面に倒れてしまったミズナラには出ないらしい。木が生きていないとだめなんだ。

マイタケが出る木を自力で見つけたのは、忘れもしない昭和60(1985)年9月15日。上のほうにでっけえ地図に日付が書き込んである。釣りのガイドでお客さんを沢へ案内したときだ。ほれ、このミズナラがあるのがちらっと見えた。魚釣りのときは気がつかなかったけど、マイタケを意識するようになると山の見方がまた変わるんさ。師匠の言葉を思い出して、ちょっと面倒だけど寄り道して登ってみた。根元にふたつ、小さな株が出ているのを見つけた。リュックサックに入るくらいだから、マイタケとしちゃ赤ちゃん。それでも、初めて見つけたものだからうれしかったさ。その喜びをかみしめながら、案内したお客さんが戻るのを待っていたら、なんかいいにおいがしてきたんだよ。マイタケの匂いさ。はじめはリュックの中からかなと思ったけど、違う。沢からの風に乗ってきているんだ。まさかキノコがそんなににおうはずがないと思ったんだけど、風上に向かって歩いていったら、奥にもう一本大きなミズナラがあるのに気づいた。

根元の裏へまわった途端、俺は心臓が止まりそうになったぜ。ひと抱えなんてもんじゃない。裏側全体にマイタケがびっしり生えていた。心の中は、まさに舞い踊り状態だよ。つい手が出かかったんだけど、そのとき、また師匠の声が聞こえた。「高柳、マイタケの根元に行くなり手え突っ込んじゃなんねえぞ」ってね。マイタケっていうのは大きくなるときに熱を出すんだって。その熱に誘われてマムシが潜り込んでいることがあるって言うんさ。それを思い出して、棒で隙間を突いてからマムシがいないことを確認して、剣鉈で切り分けながら採った。リュックにぎゅうぎゅう詰め込んで、スーパーの大きいビニール袋があったからそれにも入れた。でも、まだまだある。しょうがないから長袖シャツを脱いで、袖を縛って袋にした。重いのなんの。あとで量ってみたら23kgあったよ。

マイタケの出る木は決まっている。でも、毎年その木に生えるとは限らない。1年おき、2年おき、数年に一回とサイクルもいろいろ。木と菌糸の関係、その年の夏の雨の降り方や秋に入ってからの気温でずいぶん変わるんで、なかなか予測がつけにくい。でも、その不確実なところがマイタケ採りのおもしろさだ。自分だけの木だと思っていても、じつはみんなの木だったっていうこともある。まだ小さいから来週まで待って大きくしてから採ろうと思っていたら、誰かに先に採られちゃっていたというような話は山ほどあるよ。

俺の遊び場の地図には、師匠が「生えてたら採っていいぞ」と言ってくれた木を含め、60本くらいのミズナラをマークしてある。このうち何本かは、師匠がしてくれたように俺の山の弟子たちに教えている。23kg採った最初の木の印象が見事なものだったので、夢よもう一度とばかりに、それから毎年、ひとシーズンの間に何度も見に行った。でも、ついに二匹目の泥鰌には出会えなかった。10年で見切りをつけ若い衆に場所を教えてやったら、その年の秋に「高柳さん、ありがとう。こんなにマイタケが出てました」って見せられてね。そんなこともあるから、マイタケ採りはおもしろいよなあ。

渓のめぐみ

叩き（テンカラ）

テンカラが若い人、特に山登りする人らのあいだで流行っているらしいね。前のブームは30～40年前だったと思う。たしか京都の山本素石さん（注）が木曽の名人に毛バリ釣りを習い、その土地のテンカラっていう呼び名で釣りの雑誌やエッセイに書いて人気になった。素石さんの本がおもしろかったもんだから、新たにやる人がうんと増えた。それでテンカラっていう呼び方が広がったんだよ。

俺らの住む水上のあたりや、藤原や湯檜曽を含む奥利根では、そういう呼び方じゃなかったね。「叩き」だった。お爺も親父もそう呼んでいたから、俺も子どものころは叩きって呼んでたし、テンカラなんて言葉を知るようになったのは釣り雑誌を読むようになってからだ。全国的にテンカラっていうようになったもんで、俺も東京から来るお客さんと話をするときはテンカラって言った。叩きなんて呼び方をするのは、藤原に住んでるクマ撃ちの師匠と話をするときくれえだったよ。

叩きっていうのは、水面を毛バリで叩くように誘うところからついた呼び名だな。水上周辺の川だと、昔からヤマブキの黄色い花が咲きだすと叩きができるって言ったもんさ。5月くらいだね。俺は最初は餌釣りから始めた。お爺に教わって、川の石をめくってひっついている虫を捕って釣った。小さい子どもに釣れるような魚は決まっていて、だいたいはハヤ(ウグイ)とかアブラッパヤだけど、たまにヤマメの小さいのなんかが釣れるとうれしかったもんだいね。

そのうち教わったのが流し毛バリだ。竿に長めの糸をつけ、先っちょに錘代わりの軽い浮子をつける。その手前には5本も6本も小さい毛バリを枝状につけてあるんだけど、これがなかなかおもしろい。流れに振り込むと浮子が流れにもまれて揺れるんで、連なっている毛バリがツンツン動いて魚を誘うんだよ。魚はたまらずパシャって飛びついてくる。ハヤが多かったけど、ヤマメやイワナも釣れた。たまにアユもかかる。流し毛バリは楽なんだよね。この釣りをやり始めたら、わざわざ石めくって川虫を捕ったりするのがばからしくなる。でも、流し毛バリは子どもの釣りなんだ。5本も6本もハリをつける確率頼みの釣りで、知恵も技もいらない。要するに誰でも釣れるんさ。小物の数釣り仕掛けだから、ハリは小さいしハリスも細い。大きなヤマメなんかがかかっても、なかなか取り込めないし、すぐに仕掛けがだめになる。

一本バリの叩きでヤマメやイワナを狙うのは大人で、それもよっぽど釣りの好きな人。昔は各地区に叩きの名人がいたものだよ。俺が叩きを教えてもらったのは小学校の3〜4年のころだ。お爺が竿を作って川へ連れていってくれた。昔の田舎の釣り人っていうのはみんな百姓で、日曜も祝日もないような朝早い生活だから、釣りに行けるのは夕方だけ。夕方3時か4時に田んぼや畑の仕事を切り上げると、涼みがてら川へ行くわけだよ。釣った魚は晩飯のおかずにもなった。当時の田舎の釣りは今の遊漁とは雰囲気がずいぶん違うな。暮らしのなかに釣りがあったっていうか。楽しんで、なおかつ飯の足しにもする。そのころは囲炉裏があったから、釣った魚は焼いて食べる。いっぱい釣れたときは素焼きにして、藁苞(わらづと)に串を刺して干しておいた。それでうどんの出汁をとったり、お客が来るとそれで骨酒を作って飲んだりしてね。

初めて叩きをやったとき、流し毛バリの感覚があったもんだから、すぐにハヤが釣れた。それを見ていたお爺が、「盛芳、そうじゃねえ。叩きっていうのは白泡のところに毛バリを打つもんだ」って言う。言われたとおりにしたら、泡の下からガバッとでっかい魚が飛び出してきてかかった。25㎝くらいのヤマメだった。次はまたハヤが来て、その後にそこそこ大きいイワナが釣れて。興奮したさ。こんなにおもしれえものはないって感じで、みんながやってる野球もドッジボールもやらなかった。叩きの興奮に比べたら、球遊びなんかお遊戯みてえなもんさ。おふくろは、川は危ねえから行くなってうんと心配した。昔は子どもがちょくちょく川で死んだからね。けど、叩きのおもしろさにゃ勝てない。叩きの時期にはひとりでずっと川で遊んでたよ。

毛バリはお爺が巻いてくれた。俺は巻かなかった。というより、当時は巻けなかった。お爺の作ってくれた毛バリは、団子みてえな、毛虫みてえな田舎くさい毛バリだけど、よく釣れたよ。ポンと水面に打つじゃん。少しちょんちょんと誘いながら流す。水面がバシャッとしただけじゃ合わせちゃなんねえ。手元にぐっと手応えがあったら合わせる。合わせが早いと、出てきたやつは警戒して、もう次は出ない。出なければまた違うところを狙っていく。当時は川がまだよかったから魚も多かったよね。

いちばん釣ったのは、夕方、川へ入って暗くなるまでに5匹くらい。当時は一日やらないから。そんなことしてたら怒られちまうもの。家の手伝いをしなきゃなんないべ。そもそも叩きは夕方の釣りで、昼間やってもそれほどは釣れねえものだ。

矢木沢ダムの奥へ釣りに入るようになったのは24～25歳のころだな。友達がボートを買ったんで、それを借りて奥利根湖に流れ込む沢へ入るようになった。春は湖でルアー。水温が上がってルアーの時期が終わると、沢へ入って叩きをやる。でも、そのころはダム奥へも人が入りだしていたから、行っても20㎝くらいのしか釣れなかった。そのかわり数はいっぱいいて50匹ぐらいは出たんじゃないかな。ただ尺上が釣れなかった。理由は簡単。当時はボートが小さかったでしょ。エンジンの馬力も小さいから帰りが心配なんだよ。とにかく矢木沢ダムはおっかねえところだと聞かされてたんで、バックウォーターから歩いて小1時間のところまでしか釣っていなかったんだ。

尺上のイワナが絶対に釣れるはずだと思ってやってみたのがテント釣行だった。そう、泊まりがけで沢の奥をつめていく。初日は行けるところまで歩き、そこをテン場にして、次の日からさらに上流を釣り歩くんだよ。当時は勤め人だったんで、年休を取って入った。そしたら、やっぱり釣れるわけさ。でけえイワナがごろごろと。渓流釣りは足で釣るもんだってことを実感したのはこのときだ。

昔の糸は馬の尻毛を撚った馬素

子どものときにお爺が作ってくれた叩きの道具は、竿が3mくらいの竹だった。伐り出した青竹を火で焙り、浮いてきた油を拭き取って軒下で乾かしておく。青竹をただ乾かしただけだと中で蒸れて腐っちゃう。火入れすると何年でも使えて、竿に張りも出るんだ。握りには、芯に穴のあいた桐の枝を鉋(かんな)で削ってすげてくれた。糸は馬素(ばす)(馬尾毛)。馬のしっぽの毛を撚り合わせて重みをつけたものだよ。長さは竿と同じくらい。しっぽの毛は馬飼っているところへ行ってもらってきた。今の馬素はナイロンで、長さも竿の1・5倍くらいあるね。昔はそんなに長くなくて、竿一本分だったよ。だって、魚は川の流心だけじゃなく端の落ち込みにもいるんだし、子どもの釣りなんて運動靴で遊べる範囲だから、短くてもよかったんだ。ハリスも今に比べれば太かった。

俺が使っている今の叩きの仕掛けかい？　竿はテンカラ用じゃない。ずいぶん前に買った箱釣り用のコイ竿だ。釣り堀で使う3mくらいの短い竿だよ。馬素はいろいろ試してみたけど、ある時期からはフライラインの先っちょを使っている。重みと張りがあるんで、アゲインストの風でも負けずに飛んでくれる。奥利根の沢は吹き下ろしの風が強いから、軽いラインだと毛バリが飛ばねえんだよ。特に矢木沢ダムは風が吹く日が多いんで、フライラインぐらい重くないと釣りにならねえ。ハリスは1・5号。これだと尺上がかかっても切れずに取り込める。

最近のテンカラは道具立てが軽いよね。ハリスも細いし、毛バリも小さい。けど俺は、糸が多少太かろうが毛バリが大きかろうが、あんまり関係ないと思うんだよねえ。魚に食い気があって、警戒をさせないように釣れば、ハリスが太かろうが毛バリが大きかろうが釣れるんだよ。釣りにどれがいい、悪いっていうのはないが、釣れるやり方が正しいやり方。こだわりてえやつはそれを通せばいいし、釣りたいんだったら、いろいろ試して自分なりの結論出しゃいいだけのことでさ。どういうテンカラを信じるかは自由。ただひとついえるのは、魚が釣りたかったらひとつの方法にこだわらず、頭を柔らかくしてやるってことだよ。俺の叩きだって、技術も道具も子どものころと同じままじゃないしな。

ヤマメとイワナの反応の違い

ヤマメは、イワナに比べると動きが早いせいか毛バリへの反応も敏捷だいね。見切りが早くて、出てもかからなかったときにこっちの気配を悟ったら、もう毛バリには反応しない。イワナは少し馬鹿なのか、また出てくる。奥利根の沢はヤマメもイワナもいるから、基本的には姿が見えても合わせないことにしている。食った感触があるまでは竿をあおらない。こっちが派手な動きをしないかぎり、ヤマメはまた出てくるからね。そしたら次が勝負だよ。いるのがはっきりわかっているんだから。毛バリを打ち込んだら、流しながら少しだけ動かしてやる。魚のほうも一回失敗して、次こそチャンスだって思ってるから、我慢ならなくなって飛び出してくるさ。

奥利根ではどんな毛バリがよく釣れるのかって聞かれるけど、フライフィッシング(以下フライ)を含めて毛バリやる人はこだわりや好みも強いから、関係ねえよ、好きなハリで釣りゃいいって俺は言う。でも、本当は傾向がある。メイフライがいるだろう、白っぽいカゲロウ。奥利根の場合、あれが飛んでいるときは黒い毛バリを流しても食わない。白かクリーム色がてきめんに効く。フライとテンカラの毛バリを比べると、魚の反応は圧倒的にフライのほうがいい。リアルなプロポーションの毛バリに来る。色もそうなんだろうけど、魚は虫の形がある程度わかってるんじゃないのかな。流れてくるものへは反射的に飛びつくにしても、これは本当に餌なのかどうかということを瞬時に判断してると思うんだよ。

魚の視覚はモノクロームだっていうけど、白黒写真みたいに諧調の違いはわかっていると思うよ。緑と黄色と黒、それと赤と。白黒のなかにも色特有の濃さがあるんじゃねえかい。そうじゃねえと自然のなかじゃ生きれねえもの。たとえば、ブナ虫(ブナアオシャチホコ)が落ちる時期はハリに緑色の毛糸巻いただけで釣れるんだよ。飲んじゃうほどの勢いで。腹を裂くとブナ虫しか食ってない。昔の餌釣り師は、イワナの腹から出したブナ虫をまた針に刺して釣ってたよ。浮かしたって沈めたって来る。それくらいブナ虫に執着する。そのころの沢はどこも緑色だらけだ。葉っぱの切れ端だって流れてくる。そのなかでもブナ虫を見極めているんだからね。色とか形はやっぱり大事なんじゃねえかい。

あと、奥利根じゃアリもよく食ってるね。羽アリの出るころだ。そのときは色や形だけじゃなくて毛バリの大きさも見ている。俺もフライをやっていたことがあるんだけど、そういうときはやっぱりアント(アリを模した小さな毛バリ)なんだよ。リアルサイズじゃないとなかなか出ないんだ。

叩きのいいところは、沈めたり浮かしたりできること。毛バリがフライみたいにリアルじゃない分、あれこれ迷うこともなくて、今日はとりあえずこれでやるか、みたいな感じで割り切れる。特定の虫しか食わない特異日のようなものがあっても、毎日続くわけじゃない。日が変われば好んで食べる餌の種類も変化する。ちょくちょく釣りに行きゃ、適当に選んだ毛バリが当たるときもあるさ。和式毛バリ、つまりテンカラの基本的な考えはそういうものだと思う。

あえてこだわりを捨てることも大切

俺のクマ撃ちの師匠の将軍爺も叩きをやるけど、あの人らの叩きは、俺ら下流とまた違うんだ。5m60cmくらいの長い竿に1mくらいの糸をつけた、いわゆる提灯毛バリだ。糸は2号の通し。狭い谷で竿をそっと伸ばして毛バリを落としたら、そのままツーッと引く。イワナがいれば必ず出てくるんで、姿が見えたら少し竿先を下ろす、ひと息おいて軽く動かすと、もう毛バリは喉の奥にかかっている。竿を下げると糸がゆるんで毛バリが自由になるだろう。抵抗がかからないから安心して毛バリを飲み込むんだよ。2年くらい一緒に竿を出したけど、正直、釣りとしてはおもしろくない。獲物を絶対逃がさないための釣り方なんさ。型ぞろいのイワナを確実に旅館へ納めるための職漁師のやり方だ。

昔の奥利根本流はばかでかいのもいて、将軍爺は65cmのイワナを叩きで釣っている。そのときはいるのがわかっていたんで、いつもの仕掛けじゃなく糸は3号を使ったってことだ。竿も特別に太い布袋竹に真竹を差して。けど、ばかでかいイワナを1尾持っていったって、旅館も扱いに困るから金にはならないんだよ。それでも狙わずにいられないのは、殺生する者の性だよな。あいつを仕留めてやろうと決めたら、いろんな方法を考えて攻める。この執着は遊びの釣りでも大事だと思うな。

あんまり、こだわり、こだわりって言っていると、頭が硬くなって獲物を獲るための考える力が衰えちまう。そのときいちばん楽しめる道具を持たず、わざわざ不利な方法を通し続けることなんざ、俺に言わせりゃ愚の骨頂だ。叩きの話をしたけれど、なにも毛バリにこだわることもないんだよ。餌がいい時期は餌をやりゃあいい。俺は、いつでも何でもできるように、銃以外のひとどおりの遊び道具はボートの中に積んでるよ。

注：山本素石（やまもと・そせき）1919〜88年。滋賀県甲賀郡（現・甲賀市）生まれ。本名・山本幹二。元天理教滋京分会長。職業を転々とし自由に終始。絵付け職人の傍ら渓流釣りの研究にのめり込み、日本各地を釣り歩く。渓流随筆の名手として70年代より人気を博す。日本古来の毛バリ釣りであるテンカラにも光を当てた。著書に『逃げろツチノコ』（山と溪谷社）、『遥かなる山釣り』（廣済堂出版）など。

ルアーフィッシング

俺がルアーっていう釣りを知ったのは案外遅くて、鉄砲の免許を取って数年後のことだったよ。当時は水上温泉のホテルで水商売をやっていたから、昼間は時間があったんだ。同じ職業の先輩から、「高柳君も釣りをやるんだよね。だったら新潟の銀山湖（奥只見湖）へ一緒に行ってみないか。ダムでできた人造湖なんだけど、でっかいのが釣れるんだよ」と誘われたのがきっかけだった。そのとき知ったのがルアーだった。「これはいま流行りの疑似餌で、よく釣れるんだよ」。見せられたのが匙の形をしたスプーンだった。50cmもあるようなイワナも簡単にだまされて食いつくって言うんだけど、こんな鉄板に色つけただけのもので魚が釣れるもんかいって、俺は正直、疑っていたね。

中学時代に矢木沢ダムの岸から釣りをしたことはあるけど、ボート釣りのイメージっていうのも全然わかなくて。先輩はトローリングをやろうと誘うんだが、ボートもルアーもやったことがないから知らないことだらけ。それでも釣りはガキのころからやってるっていう意地があるもんだから、なかなか教えてくださいとは言えない。ひとりで釣らせてくださいって、南沢の放水口近くへ下ろしてもらった。そのとき考えて持っていった道具立てが、いま考えるとへんてこりんでさ。アユ釣り用の長い竿にテンカラ毛バリを6本結んで、下に錘をつけた。アジのサビキ釣りみたいな仕掛けだった。とにかく深い場所を狙うならこんな感じだろうってことで、一か八かやってみたんさ。白泡の中で竿をゆっくり上下に動かしていたら、ギュンって大きなアタリがあってアユ竿がひん曲がった。強いのなんの。竿先が水に入るような勢いで、魚が走るたびに糸が水を切る。張りつめた糸と竿が共鳴して、三味線みてえな音が鳴るんだよ。なんとか浮かして足元へ寄せたら、40㎝くらいのニジマスだった。

お昼時に先輩がボートで戻ってきて、どうだった？って聞くから、ニジマスを得意げに見せたら、ほう、そんな仕掛けでも釣れるもんなんだなって。あっさりした返事で、驚きもしないし褒めてもくれねえ。先輩はどうだったい？って聞くと、そこにあるよとボートの脇を指さした。ストリンガー（注1）が水の中にぶら下がっていて、引っ張ったらでっけえサクラマスやイワナがいっぱい繋がれていた。いやあ、びっくらこいたねえ。

俺はまだルアーっていうものを疑っていたから、ルアーのケツに餌でもつけてんだべ？って聞いたわけよ。こんな板っぺらだけで魚が釣れるわけがない、ミミズか何か持ってきてるんだべ？と。いや、これだけで釣れるんだよ。だからルアーはいま人気があるんだって先輩は言うんだが、俺はまだ信用ができねえ。「もし目の前で釣ってみせたら、俺は水上の温泉街をフリチンで逆立ちして歩いてやらあ」って啖呵を切ったんさ。午後からは俺もボートに乗るからと。

先輩は余裕しゃくしゃく。竿を1本だけ出して、スプーンをつけてボートでトロトロと引っ張りはじめた。そしたら、ガガガガッて竿が揺れたのさ。そこそこの大きさのイワナだった。こりゃまいった、帰ったらフリチンで温泉街を逆立ちして歩かなきゃなんねえ（笑）。まさか、世の中にこんな不思議な釣り方があるとは、あのころは思わなかったねえ。

これからは生涯、先輩のことは釣りの師匠として立てるということでフリチンは勘弁してもらったけど、これが俺がルアーフィッシングにのめり込んだきっかけさ。早速、俺もやってみようと思ったんだけど、当時はまだ、俺の住む利根郡あたりの釣具屋にはルアーが売っていなくて、高崎まで買いにいった。だけど、ルアーの値段が高えことにびっくりしたな。そりゃそうだ。当時のルアーってみんな輸入品だったんだよね。スウェーデンのアブ(現、アブ・ガルシア)のトビーっていうスプーンは600円くらいしたからね。俺の月給が7万円のときの600円だから、根がかりしてルアーをなくすたびにへこんださ。そりゃあ高い遊びだった。

奥只見へは週3回くらい通ってたんじゃないかな。まだ高速道路が通っていなかったから、水上からでも往復5時間かかった。深夜に仕事が終わったら2時間くらい仮眠して、すぐに車で出る。明け方に銀山湖に着いたら支度を始め、午後1時までみっちり釣る。ちょうど8時間だね。そしたらすぐ夜の仕事に向かう。こうすると週に3回釣りに行けた。27～28歳まで続けていたんだけど、あるときふと思ったのさ。そういや、俺んちのほうにも奥利根湖っていうでっけえ人造湖があったじゃねえかって。

ボートがどうしても欲しくって、カミさんをだまして12フィートのボートを買っちゃった。値段は今でも覚えてるさ。本体だけで14万5000円。別にエンジンが9万円。もちろんローンだよ。当時、奥只見で船を1日チャーターすると6000円かかった。先輩や友達と折半するんだけど、泊まりがけで行くと宿代もかかる。そういうのも引き合いに、うちの経済担当大臣に陳情したわけさ(笑)。

キャスティングがいちばんおもしろい

湖でサクラマスやイワナを釣る方法には、大きく分けるとルアーを深く沈めてボートで湖を引くトローリングと、ワカサギを生きたままハリに刺して泳がせるムーチング、そして比較的浅い場所を中心にルアーを投げ込むキャスティングの3つがある。トローリングにもムーチングにもいろいろ秘訣があって腕の差が出るけれど、俺がいちばん好きなのは、直感が即、結果につながるルアーのキャスティングだね。

俺がキャスティングのときに注意して見ているのが水温だ。釣りはポイント(魚の着き場)次第だっていうけれど、魚はいつもダム湖の同じ場所に陣取っているわけじゃないんだよ。どういうポイントを狙えば釣れるかっていうことも、結局のところ水温なんさ。たとえば、サクラマスとイワナじゃ適水温が違うってことは、釣り師ならたいてい知っていることだいね。サクラマスの場合は6度ぐらいがいちばん活性があるっていわれている。

奥利根湖にボートを入れられるのは、その冬の雪の積もり具合にもよるけれど、4月下旬から5月上旬。ダムまでの道の除雪が済むと、湖を管理している水資源機構が入り口のゲートを開ける。解禁初期はサクラマスがよく釣れるよ。半年間、場を休ませてあったということもあるけれど、俺は水温だと思うんだよね。氷が解けたばかりぐらいの表層水に太陽の光が当たると、ちょうど6度くらいになるので、サクラマスの活性が高まって一斉にうわずるわけだね。ちょうどそのころは餌になるワカサギも産卵期で、沢から水が流れ込む浅場へ集まってくる。

肉食性の魚のポイントっていうのは、まあだいたいは同じ。まずはかけ上がり。傾斜面だよね。それから、馬の背といって、山でいう稜線のようなところ。流れ込みやワンド(入り江)、そして石や沈んだ木のような障害物の際だね。こういうところを絞って狙えば、どっかでドカンと出る。食い気満々のサクラマスが水深の浅い層に集まっている時期は、この絞り込みがなにかと有利なんだよね。まず、着き場が見やすくなる。ひとくちにかけ上がりといっても、流れ込みから湖底までずっとつながっているわけで、全部狙っていったらきりがない。浅いところに絞り込んで投げていったほうが、ルアーがサクラマスの目の前を通る確率は高くなるわけだよ。この時期のもうひとつのメリットは、糸をたくさん出してルアーを深く沈める必要がないので、キャスティング効率がいい。投げる回数が増えることは、探るチャンスが多くなるということだからさ。

ところが、この爆釣モードは長く続かない。気温がもっと上がると、今度は湖の中の水が上下に循環しはじめて水温の変動が激しくなる。それに合わせてサクラマスもめまぐるしく移動するから、ポイントが読みにくくなっちまうんだよ。梅雨明けごろになると、今度は水温の低い湖の深場へ行ってしまう。こうなったらもうキャスティングじゃ狙えないから、トローリングで深い層を引くしかない。

サクラマスは沢にもいるよ。ヤマメとサクラマスは同じ魚で、幼形のまま川で育って成熟するのがヤマメ。ヤマメのうち、湖へ下りて大きくなったのがサクラマスだ。サクラマスは本来、海と川を行き来する魚で、広い海で餌をいっぱい食べて大きくなり、春に接岸して川へ帰ってくる。夏は伏流水のある深い淵で高水温をやり過ごして、秋になるとさらに上流へ向かって産卵するっていわれている。

奥利根湖のサクラマスは、いわば湖を海の代わりにして育ったヤマメなんだけど、俺の見たところ、どうも海上がりのサクラマスとは行動が違うみたいだな。春に沢へ遡上しはじめるんだけど、わりとすぐに、また湖へ下りてしまうんさ。そして秋、産卵が近づくとまた上りはじめる。なぜだろう？湖は沢より餌が多いし、夏でも深場は水温が低いから過ごしやすいのかね。サクラマスにしても、イワナにしても、ダム湖育ちの個体には行動に独特の傾向があるから、それを知っておかないとキャスティングではなかなか釣れない。

キャスティングのおもしろさは、偶然のヒットがないことかな。トローリングの場合、一日中エンジン付きのボートでルアーを引っ張ることができるし、竿を2本、3本と出すこともできるので、湖を面で攻められる。もちろん、引っ張るコースや深さで釣果が変わるから経験がものをいう釣りだけど、ボートの機動力を生かして場所を細かくつぶしていけば、初心者でも確率が上がる。正直、あんまり考えなくてもいい釣りなんだいね。ルアーは今どこを通過しているか、なんてことさえ考えなくても釣れるときは釣れる。

それに比べるとキャスティングは、自分が「あそこにいる」と見当をつけた範囲を狙い続ける点の釣りで、チャンスが広がってもせいぜい線の範囲だ。偶然が存在しない釣りだけど、ヒットは自分の読みが正しかったということを証明してくれるわけさ。それがおもしろいんだよね。

イワナの釣り方も、基本的にはサクラマスと同じ。キャスティングで狙いをつける場所は同じ。ただ、適水温やルアーを追うときの性質がずいぶん違う感じがするね。イワナの適水温って何度くらいだと思う？　沢だとヤマメ…つまりサクラマスの子どもよりも上流に入るから、サクラマスよりも冷たい水を好むと思うでしょ。それが違うんさ。サクラマスの適水温が6度なのに対し、湖のイワナの適水温は9～11度のあいだぐらい。サクラマスが解禁初期のころに表層近くにいるのに対し、イワナは深いところにいる。だから5月のうちはキャスティングじゃあんまりイワナは釣れない。ところが、入梅ぐらいを機に一気にひっくり返るんだよ。イワナが浅場に出てきてサクラマスが深場に沈むんだ。そのころに表層の水温を測ってみると、だいたい10度前後なんだよね。

　これはイワナ全体の話じゃなく、川で一生を過ごすイワナと、湖に下って育ったイワナとの違いかもしれないけどね。サクラマスの場合、秋に上流で産卵をすると死んでしまうけど、イワナは産卵しても死なない。特にダム育ちの大きいやつは産卵後もまた湖へ下りる。湖のほうが餌に困らないからだろうな。ダムへ下りたイワナは3年くらいで35～40㎝になる。昔ほどじゃないけど、梅雨ごろになると流れ込みのような浅い場所で、そういうでかいイワナがガツンと出る。これが奥利根の醍醐味だいね。

　俺が奥利根湖で釣った最大の魚は、サクラマスが55㎝。イワナは63㎝。沢でかけたイワナは57㎝。いや、まだまだ小さいよ。奥利根じゃ過去最大で70㎝というのが上がっているからね。死ぬまでに一度でいいから、70㎝の大台に乗せてみたいもんさね。

湖でも沢でもベイトキャスティングリール

昨日、本流の流れ込みで掛けた45㎝のイワナはちょっと腹が細かったよね。あれは試し釣りみたいなもんで、ヒットはしたけれどまだ早いように思う。ふつう俺らはワカサギの状態を見て狙う場所を決めるんだよ。沢によって湖へ流れ込む水の温度が違うから、ワカサギの産卵も沢ごとにずれるんだ。同じ水系の沢でも、源流の山の標高が低ければ水温は早く上がる。標高が高い山の源流の沢は雪解け水が入り続けるから水温がなかなか上がらない。今年(2017年取材時)は雪が多かったせいか、どこにもワカサギの群れがいない。一か八か狙ってみた本流の流れ込みだったけど、あのイワナはまだワカサギを食べてなかった。ワカサギを食いだすと、イワナはすぐころころに太るもんなんだけどね。流れ込みに集まったイワナは、沢に上がるやつと再び湖に下るやつに分かれちゃう。7月に入るともう流れ込みにはいなくなるから、俺は沢へ入ってキャスティングをする。沢用のタックル(道具)は湖で使うものより、ひと回り小さいのを選んでいる。

俺のキャスティングタックルは、昔からそう変わってなくて、まずロッドの長さが6〜8フィート(1・8〜2・4m)。ルアーの負荷重量が3〜12gくらいのを3本使い分けている。ラインは6〜8ポンドテスト(注2)。スプーンやシンキングミノー(注3)を使う場合、細いほうがルアーはよく沈むし、抵抗が少ない分ルアーにアクションをつけやすいから釣りやすい。でも、ラインを極端に細くすると根がかりしたときの回収率がうんと落ちる。奥利根の場合は沢にもでっけえ魚がちょくちょく入っているから、ルアーを小さく軽いものにしても、糸はあまり細くできないね。

リールはロッドに合わせてアブの１５００、２５００、４６００、５５００を使い分けている。俺はベイトキャスティングリール(以下、ベイトリール)が好きだね。最初はスピニングリールで始めたんだけど、俺にフライフィッシングを教えてくれた人が、ルアーやるならこれ使わなきゃって感じで見せてくれたのがきっかけだ。投げて巻いているのを見ていると、動きに無駄がないんだよ。スピニングリールみたいに、いちいちベイル(注4)を起こしたり倒す必要がないでしょ。で、ちょっと貸してって投げてみたら、見事に糸がバックラッシュ（もつれた)。焦ったね。「なんだいモリさん、投げられないのか。ベイトリール使えないとルアーマンって言えないんだよ」とからかわれて、なにを！と思った。

そのとき借りたリールがアブの２５００Cで、当時3万５０００円くらいしたかな。俺の給料が12万円くらい。子どももいるんだから買えないよねえ。なので、国産メーカーのシマノのバンタムっていうリールを買って練習した。１０００m巻きの安い糸を買ってきて、バックラッシュさせちゃあ切って巻き直して。風がアゲインストだと、糸が巻かれているスプールの回転は変わらないのに、糸が出ていく速度は落ちるから、糸の出入りの帳尻が合わなくなってリールの中で絡まってしまうんだ。軸の圧力調整のやり方や、親指でコントロールする練習をやり直し、鉄砲が始まるまで稲刈りの済んだ田んぼで的当ての練習もした。指にタコができるくらい投げ込んだよ。

7月に、教えてくれた人を誘って奥利根へ行ったらびっくりされてね。あんな狭いポイントによく入れられるね、いやあ脱帽だって言われて。それから念願のアブの１５００を買ったんさ。

ベイトリールのいいところは、さっき話したように手返しに無駄がないことと、ドラグ(ブレーキ)の安心感。奥利根湖のような湖ではいつでかいのが来るかわからないから、ドラグ調整が瞬時にできないと痛い目に遭うよ。スピニングリールは何よりも投げやすい。昔は糸撚れが悩みだったけど、このごろのスピニングリールは糸撚れ防止機構が付いているしね。そのへんは好き好きだな。

ベイトリールは軽いルアーを投げにくいといわれることもあるけれど、そんなことはないね。俺は3gのスプーンもベイトリールで投げる。もともと小さいルアーは、人ずれしたような沢を釣るときに使うので、飛距離はそんなに意識しなくてもいいんだよ。遠くまで投げれば魚がヒットする確率は上がるかもしれないけど、そもそも魚はポイントがわからなけりゃ釣れない。推理した居場所をピンスポットで狙うのがルアーフィッシングの本筋だから、飛ばしゃいいっていうもんじゃないんだ。

ベイルがなく、ハンドルを巻けばすぐ巻き上げに入れるベイトリールは、スプーンをカウントダウン(注5)させる途中でヒットしたときにも速やかに合わせられる。魚がかかってからも有利だよ。糸をローラーのところで直角に巻き取る仕組みのスピニングリールは、大物がかかるとどうしてもハンドルがぎくしゃくするけれど、ベイトリールはウインチのようにまっすぐ巻けるから力の軸がぶれないし、構造上、パワーがある。大物がかかってもバレにくいんだよ。

スプーンとミノープラグの使い分け

ルアーの選び方は、正直わかんないねえ。時期や場所の傾向のようなものはあるけれど、俺にはまだはっきりした答えがない。動きゃあ追う。そこにいれば食う。それだけだと思うよ。色も形も関係ねえと思うなあ。あのブランドがいい、ここの会社のがよく釣れるとかいうけど、魚はそもそも人間とは視覚構造が違うらしいからね。たぶん、信じたルアーがいちばんいいんじゃないかな(笑)。

俺の場合、魚が少し深いところにいると思ったらスプーン。スプーンは深いところから浅いところまで使える、ある種、万能のルアーだいね。流れ込みのような浅いところでワカサギを追っかけている時期は、魚の形をしたプラグ(ミノー)にいちばんに反応するね。だいたい9〜12㎝くらいのが多い。フローティング(注6)でもシンキングでもかまわないよ。

昨日、本流の流れ込みでヒットした45㎝のイワナは、フローティングミノーだった。水温がまだ低めだったから、イワナが着いているなら流れ込みの少し深いところでくると思ったので、沈みがいいシンキングミノーを使おうとした。でも、水量が多めで流れがきつかったんで、沈んでいる木に引っかからないための用心としてフローティングを選んだら、これに食いついた。水深は1mで、表層から40㎝くらいのところで来たからシンキングミノーでも釣れたはずだけど、根がかりのリスクは少ないほどいいからね。沢では、スプーンでもプラグでも、わりと小さいルアーを選ぶ。俺の場合はそういう感じかな。

ルアーのフック、特にスプーンの場合、最近はトリプルフックをやめてシングルフックにしている。始めたときからフックはトリプルだったので、これが絶対にいいんだと信じていた。けど、実際はラインに絡んでぐるぐる回ったり、根がかりしたりするトラブルが多くて、我慢して使っていたというのが実情だいね。トリプルフックは、特に根がかりしたときが最悪。最終的にルアーを回収できても、外すときの音でそこら一帯のポイントがつぶれちゃう。シングルフックだと、根がかりしてもわりと簡単に外せるから、釣り場を必要以上に荒らさなくてすむんだよ。

もうひとつ大事な事実。トリプルフックは魚がバレやすいんだよねえ。最初にかかるのは1本だけど、3本全部が錨形に固定されているから、魚が暴れているうちに残りのハリのフトコロが梃子（てこ）の支点になってよじれ、あっけなく外れちゃうことがある。シングルフックは、刺さる確率はどうかわからないけれど、かかってしまえばバラす心配がほとんどない。アユの友釣りをやる人たちにもそう言う人がけっこう多いよね。

ルアーを引くスピードとアクション

ルアーのスピードとアクションは、ジャーク（ロッドを大きくあおる動き）とトゥィッチング（ロッドを小刻みに揺らす動き）が基本。まだ水温が低く、活性も低いと判断したら、ゆっくりめの動きにする。水温が上がって適水温になると魚の活性も高くなる。巻き上げを早くしたり、トリッキーな動きをさせないと、すぐに怪しいと見破ってバイトしない。アクションをつけない棒引きだと、ついてくるだけで見切られてしまう。動きのイメージは弱りかけたワカサギかな。食欲だけでなく反射神経も利用するのがルアーフィッシング。魚は手がねえから、腹が減りゃ直接口でくわえる。こいつはなんか癪に障るやつだ、怪しいやつだと感じたときも、口で威嚇したり触って確かめる。アクションをつけるときに大事なのは、とにかく魚に口を使わせることをイメージすることだいね。

サクラマスもイワナも、産卵の時期を感じると湖から川を上りはじめる。わりと早い時期、夏の終わりごろだね。こういうのはなかなか釣れるもんじゃない。ダムにいるときは砲弾みたいな太いやつが、餌を食い止めして体をぐっと絞っている。体が重いと滝を登れねえっぺ。そういうやつらはどんな餌が流れてきても知らん顔。毛バリを使うと、ちょっとは反応するそぶりも見せるけど、すぐ知らん顔だ。そんな大物もルアーにだけはかろうじて反応するんだ。フッキングは容易じゃないけど、うまくするとかかる。反射なんだろうね。追いかけてくるっていうより、うっとうしいやつを追い払うような感じかな。

流れのある沢を釣る場合、上流から下流に向かって釣っていくほうが楽だ。釣り上がると、投げるたびにうんと早くリールを巻かないと糸のたるみがとれない。流れに対してやや上にルアーを投げて巻いていくと、流れの影響と巻き上げの関係で、ルアーが途中でターンして軌跡は扇形になる。魚は流れが扇を広げた状態になるところでくることが多いね。追っかけて、ついてきてるんだけど、うまく食いつくタイミングがとれない。ルアーがターンするときは一瞬速度が落ちるんで、そのとき食う。まっすぐ流れているときは追いかけているだけなんだよ。ミノーの場合、俺は流れのなかでもじゃんじゃんジャークする。すると、泡の中からガツンとくる。こういうときはだいたい前側のフックが口にかかっているよ。下から突き上げるように食うんだね。

イワナは1尾で単独でいることが多いんだけど、サクラマスはわりと群れで回遊する性質がある。

数尾から、多いときは20尾くらいで泳いでいることもあるから、1尾釣れたら、サクラマスの場合はしばらく粘ってみるといいね。ルアーの追いかけ方にも傾向があって、イワナは犬みたいにダッシュで追いかけてくるけど、サクラマスは猫のようにじゃれつく感じでルアーをチェイスする。

注1：ストリンガー　魚を生かしておく道具。ピン状のフックを口にかけ泳がせておく。
注2：ポンドテスト　釣り糸の規格。欧米では引っ張り強度（重さ）で表記する。1ポンド＝0・45kg。日本の釣り糸は伝統的に太さを基準とし「号」で表記。
注3：シンキングミノー　魚の形をしたミノーのなかで、自重で水に沈むタイプ。
注4：ベイル　スピニングリールの部品。ハンドルの回転を巻き取る力に変える支点となる。
注5：カウントダウン　ルアーを任意の深さまで沈めること。着水からの秒数を目安にする。
注6：フローティング（ミノー）　着水時は浮いているが、引っ張るとヘッドのリップに水圧がかかり、やや潜りながら泳ぐミノー。

現代人には焚き火が足りない

現在、アウトドアに含まれるアクティビティは多岐にわたる。バーベキューもアウトドアの代名詞だし、リゾート施設の中にテントやタープ、野外調理器具を持ち込むグランピングもアウトドアと呼ばれることがある。定義がどんどん広がるアウトドア。それに伴い、楽しむための道具の種類もかつてないほど増えている。

そんな変化のなかで忘れてはならない存在が刃物と火だ。

刃物と火は、アウトドアに不可欠なもの…というより、人間の本質につながるマスターツールである。ひ弱なサルでしかなかった人類は、刃物と火というふたつの大発明によって強大なほかの動物たちに競り勝ってきた。刃物は270万年ほど前、火は数十万年前には自らの手で作り出せるようになっていたといわれる。

人類は、しばらくは暖かなアフリカ大陸で暮らしていたが、われわれの直接の祖先であるホモ・サピエンスの時代に入ると世界中に拡散が始まった。今から10～7万年ほど前のことだといわれる。

腕や指は、それまでの人類よりもさらに道具を使いやすい器用な構造になっており、脳も飛躍的な進化を遂げた。複雑な思考がこなせるようになった大きな脳は、神話のような共同幻想、あるいは過去・未来という時間認識も生み出した。

形のない概念を頭の中に描くことができるようになっただけでなく、器用な手は脳が膨らませたイメージを実際の形や行動にすることができた。石を割って刃物を作る方法は物理学で、着火と燃焼の原理は化学そのものである。ときに経験や伝承による認知を加えながら使いこなし、ホモ・サピエンスは寒冷地や高地などどんな環境にも適応することができた。一歩先にアフリカを出てユーラシア大陸で活動していたネアンデルタール人は、同じように刃物や火を使い、筋力にいたってはホモ・サピエンスを大きく上まわっていたが、認知能力に差があったことが競合に負けた原因とされる。拡散を始めたホモ・サピエンスは天体や気象、さまざまな自然現象から目標を知るナビゲーションシステムも発明し、舟を作って海を渡る冒険も始めた。

今の私たちの便利で快適な文明も、突き詰めれば刃物と火が育んだ認知能力の産物だ。石器時代を終わらせた農耕や金属の発明も、あるとき突然起こったわけではなく、知的生産行為の積み重ねとして、生まれるべくして生まれた技術なのである。

現代における刃物や火を使った体験、つまりアウトドアは、見方を変えると人類がたどってきた道を振り返る行為なのかもしれない。その振り返りが楽しいのはなぜだろう。それは、暮らしが自然からどんどん離れていく現代のなかで、唯一、人間としての野性が呼び覚まされる瞬間だからではないだろうか。そんな刃物と火だが、現代生活ではすでに扱う必要のない存在だ。食品はあらかじめ切られた状態で売られている。火はスイッチを押すだけでつき、しかも熱源の多くは電気に置き換わっている。刃物や裸火を使う体験は、今やアウトドアくらいでしかできない特殊なものと化している。モリさんがずっと気にしているのもこのことだ。

「俺が子どものころは、飯焚くのも風呂沸かすのも、薪。だから火の扱いみたいなものは自然に覚えたよね。俺んちなんか囲炉裏だったから、服がいつも煙臭くってね。同級生に水上温泉の芸者さんの息子がいたんさ。そいつに言われたことがあるんだよ。高柳君は燻製のにおいがするねって。俺は着たきり雀だが、その子はカーディガンなんか着て、いつもいい身なりでさ。ぼんぼんだから家でスモークサーモンなんか食べてたんじゃねえかい？俺、そのとき燻製なんて言葉を知らなかったよ。てっきり臭いと言われたのかと思ったけど、いいにおいって言われたのが意外でね。一回、そいつがうちへ泊まりにきたんだけど、囲炉裏を見て、家の中で火を燃やしてるって大騒ぎ。こいつは火を焚く手伝いもする必要がない暮らしをしているんだなあと思うとうらやましかったけど、いま振り返ると、やっぱり俺は貧乏な百姓の倅（せがれ）でよかった。その後、俺は鉄砲持って奥山に入るようになった。帰れなくなるようなアクシデントにも何度も遭っているけど、土砂降りの雨のなかでも火を熾せる自信があるから、不安はまったくないよ。今は防寒着が発達して冬でもあまり寒さを意識しなくなっているだろう？　昔の猟師たちは、そんな便利なものも、テントもないのに、深い雪のなかで何日も泊まりがけでカモシカやクマを追っかけていた。なぜそんな離れ業ができたのか。それは焚き火のおかげだよ。というより火の扱い方が体に染み込んでいて、自由自在に扱えたからなんだ。ガキのころの体験って、やっぱり大事なんだよ。だから俺は、子どもにはどんどん刃物と火を使わせろって言ってるの。刃物と火が使えりゃ、人間、どこで何があったって生きられるもんなんさ」

そのことを端的に示したのが、２０１１年の東日本大震災だろう。これは私（かくま）が実際に複数の当事者から聞いた話である。東北の被災地は電気もガスも水道も止まり、津波からかろうじて逃れた人たちは寒さに震えていた。夕闇迫る避難先で、まず火を焚こうと動きだした人たちがいた。日々の暮らしのなかで、今も刃物や火を使っている熟年世代や高齢者だ。不幸中の幸いというべきか、地方だったので廃材や倒木のような燃料になるものが近くにあった。避難先の中学校には技術科用の大工道具があったし、津波を免れた家の納屋には鉈やチェーンソーもあった。人々は燃やせそうなものをかき集め、薪を作り、火を焚いた。

焚き火を囲んだ被災者たちは、不安のなかにも安堵の色を浮かべ、炎に照らし出された互いの顔を見合わせながら励まし合い、これから何をすべきかを冷静に話し合ったという。夜通し焚き続けられた火の明かりは、日が暮れても合流できていなかった人たちを避難先へ導く灯台にもなった。

「本当に困ったときは、木にこだわる必要もないんだよ。気持ち悪いにおいはするけど、ビニールみたいな石油製品は、一度火がつくと消えにくいからいい着火剤になる。薪が湿っていたり、雨が降っているときも心強い。いちばんいいのは自動車用の発煙筒。あれはマッチなしで火がついて、とにかく長持ちするんで、ザックの中に入れておくと安心だよ」とモリさん。

食用油と空き缶があれば、タオルの切れ端を芯にランプも作れる。普段からアウトドアに親しんでいれば、いざというとき自分の身を守る術（すべ）も自然に養われる。現代人に足りないのは、火を楽しむ体験だ。

あとがき

「人生で大事なことは自然に教わった」

最近の世の中を見ていて思うのは、やんちゃな子どもがいなくなったことだね。問題が起きたときに責任を問われたくないから、大人が危ないことを絶対にさせない。おもしろいことって、たいていは危ないんだよ。失敗して肝を冷やすことも大事で、そこに反省と学びがあると俺は思う。焚き火がいい例で、マッチを擦ったこともない、刃物も持たせてもらえなかった子どもは大人になっても火を熾せない。好奇心の芽を摘むということは、成長に大事な失敗の機会を奪ってしまうことなんだよね。俺は学校の勉強は好きになれなかったけど、人生で大事なことはみんな自然から教わった気がする。

この本は、俺が聞かれるままにしゃべった奥利根流のアウトドアについて、ライターのかくまつとむさんと山と溪谷社の松本理恵さんがまとめてくれたものです。けれど、釣りの知識にしても鉄砲の技術にしても、俺がひとりで身につけたわけじゃありません。小さな犬っころを猟犬に育てていくように、俺が山や川が好きになるよう仕向けてくれたお爺や親父。いたずら坊主の俺のことをそっと見守ってくれたおふくろ。自分の息子に教えるようにクマ獲りのやり方を一から仕込んでくれた、将軍爺こと林正三師匠のおかげです。この恩は一生忘れません。そして、ひとりひとりの名前は出しませんが、釣りや鉄砲の大事な仲間たち。みんなにつくってもらった本だと思っています。

高柳盛芳

人呼んで「奥利根の番人」。生きる楽しみを自然からもらってきた

デザイン　三浦逸平
カバー写真　亀田正人
柳澤牧嘉
高柳盛芳
本文写真　亀田正人（狩猟、テンカラ）
柳澤牧嘉（刃物、山菜、ルアー）
かくま つとむ（対談）
高柳盛芳
（切り付け、クマ、イノシシ、キノコ）
校正　戸羽一郎
地図　アトリエ・プラン
編集　松本理恵（山と溪谷社）

定価はカバーに表示してあります。

群馬・奥利根の名クマ猟師が語る
モリさんの狩猟生活

2018年10月30日　初版第1刷発行

著者　かくま つとむ／高柳盛芳
発行人　川崎深雪
発行所　株式会社　山と溪谷社
〒101-0051
東京都千代田区神田神保町1丁目105番地
http://www.yamakei.co.jp/

[乱丁・落丁のお問合せ先]
山と溪谷社自動応答サービス
Tel. 03-6837-5018
受付時間／10:00～12:00、13:00～17:30
（土日、祝祭日を除く）

[内容に関するお問合せ先]
山と溪谷社　Tel. 03-6744-1900（代表）

[書店・取次様からのお問合せ先]
山と溪谷社受注センター
Tel. 03-6744-1919　Fax. 03-6744-1927

印刷・製本　図書印刷株式会社

Printed in Japan
ISBN978-4-635-81013-5